Führen in Veränderungsprozessen

Ralf Stegmaier

Führen in Veränderungsprozessen

Psychologisches Wissen für Change Leader

Prof. Dr. Ralf Stegmaier, geb. 1970. Studium der Psychologie in Heidelberg. 2000 Promotion. 2008 Habilitation an der Universität Heidelberg. Seit 2009 Professor für Wirtschaftspsychologie an der Hochschule Osnabrück. Forschungsschwerpunkte: Führung, Change Management, Innovation und Kreativität, Gesundheitspsychologie, Personalentwicklung, Lehr- und Lernprozesse, Selbstmanagement, Verhaltensänderung.

Bibliografische Information der Deutschen Nationalbibliothek
Die Deutsche Nationalbibliothek verzeichnet diese Publikation in der Deutschen Nationalbibliografie; detaillierte bibliografische Daten sind im Internet über http://dnb.dnb.de abrufbar.

Hogrefe Verlag GmbH & Co. KG
Merkelstraße 3
37085 Göttingen
Deutschland
Tel. +49 551 999 50 0
Fax +49 551 999 50 111
info@hogrefe.de
www.hogrefe.de

Umschlagabbildung: © stock.adobe.com / peter
Satz: Mediengestaltung Meike Cichos, Göttingen
Druck: mediaprint solutions GmbH, Paderborn
Printed in Germany
Auf säurefreiem Papier gedruckt

1. Auflage 2023

(E-Book-ISBN [PDF] 978-3-8409-3063-8; E-Book-ISBN [EPUB] 978-3-8444-3063-9)
ISBN 978-3-8017-3063-5
https://doi.org/10.1026/03063-000

Inhaltsverzeichnis

Einleitung

Veränderungsprozesse sind aus dem Alltag in Organisationen nicht mehr wegzudenken. So werden unter anderem neue Technologien eingesetzt, Geschäftsprozesse verbessert, Strukturen umgebaut oder man richtet die Unternehmenskultur an anderen Werten aus. Die hierbei verfolgten Ziele sind vielfältig: zum Beispiel Produktivität erhöhen, Prozesse flexibilisieren, Bürokratie abbauen, Kommunikation erleichtern, Innovationen fördern, Qualität steigern oder die Arbeitssicherheit verbessern. Manchmal wird der Wandel proaktiv intern angestoßen; häufig reagiert die Organisation aber auf veränderte Anforderungen der Umwelt wie neue Gesetze, technologische Innovationen oder gewandelte Werte und Normen in der Gesellschaft. Nicht immer sind Veränderungen erfolgreich: Ziele werden verfehlt oder Vorhaben vorzeitig abgebrochen. Die Herausforderungen wachsen mit dem Umfang und Tempo der Veränderungen. So ist es in der Regel schwieriger, ein System schnell radikal zu verändern, als es langsam in kleinen Schritten zu verbessern. Ob der Wandel gelingt, hängt entscheidend davon ab, wie Verantwortliche in dieser Situation führen. Darum soll es in diesem Buch gehen. Es ist aus einer psychologischen Perspektive geschrieben, die das menschliche Erleben und Verhalten in Veränderungsprozessen in den Mittelpunkt rückt und sich an empirischen Ergebnissen psychologischer Forschung orientiert.

Das Buch richtet sich vor allem an vier Zielgruppen:

- Führungspersonen, die in ihrem Bereich Veränderungen umsetzen wollen
- Verantwortliche für Change-Projekte
- Verantwortliche der Organisationsentwicklung
- Verantwortliche der Führungskräfteentwicklung

Personen aus diesen Zielgruppen werden im Buch häufig als *Change Leader* bezeichnet. Worum es beim Führen in Veränderungsprozessen geht, lässt sich anhand der hierbei verfolgten Ziele sowie der zentralen Handlungsfelder bestimmen.

Ziele des Führens in Veränderungsprozessen

Menschen in der Organisation sollen ...
- den Neuerungen gegenüber offen sein,
- Chancen und Nutzen des Wandels erkennen,
- sich durch den Change nicht bedroht und verunsichert fühlen,
- keine gesundheitlichen Beeinträchtigungen erfahren,
- sich mit ihren Erfahrungen und Kompetenzen einbringen,
- ihr Verhalten an neue Anforderungen anpassen können,
- auf Probleme und Schwächen des Change hinweisen,
- kreative Lösungen für das Vorhaben entwickeln und umsetzen.

Daraus ergeben sich folgende Handlungsfelder für das Führen im Change:
1. *Individuelle Reaktionen Change-Betroffener verstehen.* Es ist wichtig, dass Change Leader verstehen, wovon es abhängt, wie Menschen den Wandel erleben und auf diesen reagieren (Kapitel 1).
2. *Potenziale von Achtsamkeit im Change nutzen.* Eine achtsame Haltung kann dazu beitragen, dass Change Leader angemessen entscheiden, Urteilsfehler vermeiden, kreative Ideen entwickeln und negative Emotionen besser regulieren (Kapitel 2).
3. *Change klug organisieren.* Die Veränderungen müssen umsichtig geplant, gesteuert und in der Organisation verankert werden (Kapitel 3).
4. *Wertschätzend handeln.* Menschen werden es als Wertschätzung erleben, wenn Change Leader professionell kommunizieren, Beteiligung ermöglichen und den Wandel gerecht gestalten (Kapitel 4).
5. *Verhaltensänderung unterstützen.* Das Vorhaben wird nur gelingen, wenn Menschen auch tatsächlich ihr Verhalten ändern. Dies können Change Leader mithilfe verschiedener Techniken unterstützen (Kapitel 5).
6. *Kreativität fördern.* In allen Phasen des Wandels und auch nach Abschluss eines Projekts sind kreative Ideen gefragt. Change Leader können durch ihren Führungsstil und einen kreativitätsförderlichen Arbeitskontext die Kreativität anderer anregen (Kapitel 6).

Die Kapitel sind handlungsorientiert strukturiert und berücksichtigen Ergebnisse der psychologischen Forschung. Jedes Kapitel schließt mit einer Reihe von Reflexionsfragen, Checklisten, Arbeitsblättern oder Übungen, damit Sie die Inhalte mit Ihren eigenen Erfahrungen verknüpfen können. Diese Reflexion soll den Transfer der Erkenntnisse in Ihre Praxis unterstützen.

1 Individuelle Reaktionen Change-Betroffener verstehen

Wer menschliches Erleben und Verhalten unter Bedingungen des Wandels versteht, kann als Change Leader besser in dieser Situation führen. Wir klären daher zunächst, mit welchen Anforderungen Menschen zurechtkommen müssen, wenn sich ihre Arbeit verändert, und was sie als verunsichernd oder bedrohlich erleben. Dann schauen wir uns an, wie man die Reaktionen gegenüber Veränderungen differenziert erfassen kann. Schließlich widmen wir uns den Determinanten, die maßgeblich beeinflussen, wie jemand auf den Wandel reagiert.

1.1 Psychologische Anforderungen von Change kennen

Menschen können im Change mit vielfältigen Anforderungen konfrontiert werden (vgl. Sonntag, Stegmaier & Michel, 2008). Veränderte Aufgaben, Prozesse oder Technologien fordern, dass man Neues lernt und die eigenen Kompetenzen entwickelt. Sind die Strukturen der Organisation vom Wandel betroffen, kommt man vielleicht in ein anderes Team oder eine unbekannte Abteilung und muss dort neue soziale Beziehungen knüpfen und Vertrauen zu anderen aufbauen. Schätzt man die ehemaligen Kolleginnen und Kollegen, mit denen man gerne gearbeitet hat, kann die Trennung schwerfallen und als Verlust erlebt werden. Ändert sich die Kultur einer Organisation, sollte man das eigene Verhalten an neuen Werten, Normen und Zielen ausrichten. Diese veränderten Orientierungen können jedoch zu den persönlichen Vorstellungen passen oder auch nicht. Ist letzteres der Fall, hat jemand drei Möglichkeiten: die Spannung aushalten, die eigenen Werte, Normen und Ziele hinterfragen oder den Job wechseln. Schließlich muss man mit der Unsicherheit zurechtkommen, was der Change für einen persönlich bedeutet. Dies kann belasten und Stress verursachen.

1.2 Bewertungsprozesse Change-Betroffener nachvollziehen

Menschen achten sehr genau darauf, was bei organisationalen Veränderungen geschieht und wie dies sie selbst betrifft. Wir wollen uns drei Bewertungsperspektiven anschauen: Unsicherheit, Bedrohungen bzw. Verluste sowie Selbstkonzeptbedrohungen.

Unsicherheit

Im Wandel erleben Menschen unterschiedliche Formen von Unsicherheit (Bordia, Hobman, Jones, Gallois & Callan, 2004). Von *strategischer Unsicherheit* spricht man, wenn jemand nicht einschätzen kann, wohin sich die Organisation entwickelt und was die Veränderungen für deren Leistungsfähigkeit bedeuten. Ist sich eine Person nicht sicher, wie die zukünftige Aufbauorganisation aussieht und wo der Platz der eigenen Abteilung sein wird, empfindet sie *strukturelle Unsicherheit*. Je weniger man weiß, wie sich die eigenen Aufgaben, Arbeitsanforderungen und Karrierechancen verändern, desto größer ist die *Jobunsicherheit*. Die verschiedenen Formen der Unsicherheit lassen sich jedoch reduzieren (Bordia et al., 2004). Wer gut über den Change informiert wird, ist weniger strategisch verunsichert und kann sich besser vorstellen, welche Richtung die Organisation einschlägt. Außerdem sinken strukturelle Unsicherheit und Jobunsicherheit, wenn Menschen sich am Veränderungsprozess beteiligen können.

Bedrohungen und Verluste

Menschen bewerten, wie sich die Veränderungen auf von ihnen wertgeschätzte Ressourcen auswirken. Es hat sich bewährt, hierbei *Bedrohungen* und *Verluste* zu unterscheiden (Fugate, Kinicki & Prussia, 2008). Fühle ich mich bedroht, befürchte ich zunächst einmal, dass ich bald Ressourcen verlieren könnte. Es geht also um etwas Zukünftiges, das noch nicht stattgefunden hat. Wenn ich bereits etwas mir Bedeutsames verloren habe, sprechen wir hingegen von einem Verlust; die negative Konsequenz ist also tatsächlich eingetreten. In einer Studie hat man sich diese Bewertungen und ihre Konsequenzen genauer angesehen (Fugate et al., 2008). Menschen fühlen sich vor allem bedroht, wenn sie erwarten, dass der Wandel ihre Vergütung, Arbeitsbedingungen, Jobsicherheit oder Karrierechancen beeinträchtigt. Sie erleben es als Verlust, wenn sich ihre Beziehungen bei der Arbeit verschlechtern, ihr Job an Attraktivität verliert und die eigenen Fähigkeiten entwertet werden. Je stärker Menschen von Bedrohungen und Verlusten betroffen sind, desto eher vermeiden sie es, sich mit den Belastungen des Wandels zu beschäftigen. In der Folge treten bei ihnen vermehrt negative Emotionen auf wie Frustration, Hilflosigkeit, Enttäuschung oder Angst. Wer den Change nicht so negativ bewertet, setzt sich hingegen konstruktiver mit Problemen auseinander, was wiederum mit mehr positiven Emotionen wie Begeisterung, Hoffnung oder Sicherheit einhergeht.

Selbstkonzeptbedrohung

Der Change kann auch zu Bedrohungen führen, die das *Selbst* betreffen. Schauen wir uns vier verschiedene Bedrohungen an (Eilam & Shamir, 2005).

Bedrohung der Selbstkontrolle. Menschen möchten ein gewisses Maß an Kontrolle über Dinge haben, die sie betreffen – also beispielsweise die eigenen Arbeitsaufgaben und Arbeitsbedingungen oder die Sicherheit des Jobs. Im Wandel treffen meist andere wichtige Entscheidungen und nicht immer ist man hierüber gut informiert oder an Projekten beteiligt. So kann die Befürchtung entstehen, Selbstkontrolle zu verlieren.

Bedrohung der Einzigartigkeit des Selbst. Menschen haben das Bedürfnis, ihre Individualität auszudrücken. Sie wollen zwar einerseits mit anderen verbunden sein, sich aber andererseits von diesen abgrenzen, um ihre Einzigartigkeit zu bewahren. Die Dekoration des Arbeitsplatzes mit persönlichen Gegenständen ist für dieses Streben ein typisches Beispiel. Werden im Change persönliche Freiheitsgrade eingeschränkt, zusätzlich Standards etabliert und zahlreiche Normen vorgegeben, schränkt dies die Individualität ein.

Bedrohung des Selbstwerts. Menschen erleben es häufig als Bedrohung ihres Selbstwerts, wenn sie Status, Zukunftsperspektiven oder Wertschätzung durch andere verlieren. So kann es vorkommen, dass eine Führungsperson infolge des Wandels schlechtere Chancen auf eine Beförderung hat, einen Teil ihres Personals sowie Budgets abgeben muss und von der neuen Geschäftsleitung seltener für ihre Leistungen gelobt wird. Was dieser Bedrohung entgegenwirkt, ist eine gerechte Gestaltung des Wandels, die Menschen als einen Ausdruck von Wertschätzung interpretieren.

Bedrohung der Kontinuität des Selbst. Wir alle brauchen ein gewisses Maß an Stabilität, sodass wir uns trotz stattfindender Veränderungen und persönlicher Entwicklung immer noch als dieselbe Person wiedererkennen können. Daher fallen uns fließende Übergänge und schrittweise Transformationen meist leichter als radikale Brüche und sprunghafte Veränderungen. Gewohnte Tätigkeiten, vertraute Menschen und bekannte Umgebungen vermitteln ein Gefühl von Stabilität. Change ist daher weniger bedrohlich, wenn dieser an das Bestehende anknüpft und wo immer möglich Kontinuitäten aufzeigt und zulässt.

1.3 Individuelle Reaktionen Change-Betroffener unterscheiden können

Wer im Change wirksam führen möchte, sollte sich dafür interessieren, wie Menschen auf diesen reagieren. Je besser man das Erleben und Verhalten versteht, desto wirksamer kann man die Menschen bei der Bewältigung der veränderten Anforderungen unterstützen. Wir können individuelle Reaktionen auf Veränderungen aus *vier Perspektiven* betrachten:

- *Kognitive Perspektive.* Hier geht es darum, wie Menschen den Wandel bewerten. Man kann diesen für die Organisation oder sich persönlich nützlich finden oder daran zweifeln, ob er überhaupt notwendig ist.
- *Affektive Perspektive.* Change kann Emotionen oder auch Stress hervorrufen. Während einige vielleicht von Sorgen, Ängsten und Befürchtungen geplagt werden, sind andere möglicherweise begeistert und euphorisch, wenn sie an die Veränderungen denken.
- *Perspektive der Verhaltensabsicht.* Inwieweit Menschen ein bestimmtes Verhalten zeigen, hängt auch von ihrer Absicht ab, sich entsprechend zu verhalten. So kann sich jemand vornehmen, den Wandel zu unterstützen oder sich diesem zu widersetzen.

- *Verhaltensperspektive.* Und dann ist natürlich das tatsächliche Verhalten entscheidend. Menschen können im Change konstruktiv mitwirken, auf Probleme oder Risiken hinweisen, andere unterstützen, diese für das Neue begeistern oder Verbesserungen vorschlagen. Sie können sich aber auch den Veränderungen widersetzen, indem sie Entscheidungen blockieren, Informationen zurückhalten, öffentlich den Nutzen anzweifeln oder verunsichernde Gerüchte streuen.

Wir schauen uns als Nächstes verschiedene Einstellungen an, mit denen die Psychologie die individuellen Reaktionen im Change untersucht. Manche Einstellungen konzentrieren sich auf eine der genannten Perspektiven, andere Maße verbinden mehrere Perspektiven miteinander.

Commitment to Change

Beim Commitment to Change geht es um die Frage, inwieweit man sich gegenüber einer Veränderung verpflichtet fühlt bzw. an diese gebunden ist (Herscovitch & Meyer, 2002). Drei Dimensionen werden unterschieden:

- *Affektives Commitment to Change.* Wer ein starkes affektives Commitment to Change empfindet, sieht die Neuerungen als notwendig, nützlich und sinnvoll an (Beispielaussage: „Diese Veränderungen dienen einem wichtigen Zweck.“).
- *Normatives Commitment to Change.* Jemand kann sich auch verpflichtet fühlen, den Wandel zu unterstützen, um der Organisation etwas zurückzugeben. Dies ist dann wahrscheinlich, wenn man in der Vergangenheit bei der Arbeit Wertschätzung erfahren hat (Beispielaussage: „Ich fühle mich verpflichtet, an der Veränderung mitzuwirken.“).
- *Kalkulatorisches Commitment to Change.* Personen mit hohem kalkulatorischem Commitment to Change setzen sich für den Wandel ein, um persönliche Nachteile oder Sanktionen zu vermeiden. Sie befürchten eine Bestrafung, wenn andere bemerken, dass sie sich dem Change widersetzen. Daher tun sie lediglich, was nötig ist, um anderen keinen Anlass zur Kritik zu bieten (Beispielaussage: „Es wäre für mich zu riskant, etwas gegen die Veränderung zu sagen.“).

Menschen mit starkem affektivem Commitment to Change setzen sich engagiert für den Wandel ein und bemühen sich über ihr eigenes Engagement hinaus, auch Kolleginnen und Kollegen dafür zu begeistern

(Herscovitch & Meyer, 2002). Außerdem bewältigen sie veränderungsbedingten Stress stärker problemorientiert, indem sie Stressoren beseitigen bzw. Lösungen für Probleme entwickeln und umsetzen (Cunningham, 2006). Ein hohes kalkulatorisches Commitment to Change hingegen verhindert eher die problemorientierte Stressbewältigung.

Bereitschaft (readiness) für Change

Die Bereitschaft (readiness) für Change wird über vier Dimensionen bestimmt und berücksichtigt zwei Sichtweisen (Holt, Armenakis, Feild & Harris, 2007): die organisationale Perspektive (Angemessenheit der Veränderung, Unterstützung des Managements) und die persönliche Wahrnehmung (veränderungsbezogene Selbstwirksamkeit, persönlicher Nutzen).

Angemessenheit der Veränderung. Diese Dimension erfasst, inwieweit der Change für die Organisation nützlich und sinnvoll ist (Beispielaussage: „Durch den Wandel wird unsere Organisation insgesamt effizienter arbeiten.“).

Unterstützung des Managements für den Change. Hier wird betrachtet, ob das Top-Management sich engagiert für den Wandel einsetzt (Beispielaussage: „Unsere Top-Führungskräfte unterstützen den Wandel mit all ihren Möglichkeiten.“).

Veränderungsbezogene Selbstwirksamkeit. Diese Dimension ermittelt, wie stark jemand davon überzeugt ist, die Veränderungen bewältigen zu können (Beispielaussage: „Ich denke, es wird mir nicht schwerfallen, mich an meine neuen Aufgaben anzupassen.“).

Persönlicher Nutzen. Schließlich geht es hier um den persönlichen Nutzen, den sich eine Person vom Wandel verspricht (Beispielaussage: „Ich mache mir Sorgen, dass sich mein Status in der Organisation verschlechtert, wenn der Wandel implementiert ist.“).

Personen mit hoher Bereitschaft für Change bringen sich stärker in Projekte ein, wohingegen Kolleginnen und Kollegen mit geringer Bereitschaft passiver sind und eher abwarten, wie sich die Dinge entwickeln

(Holt et al., 2007). Eine höhere Bereitschaft für Change geht außerdem mit größerer Arbeitszufriedenheit und stärkerem affektivem Commitment gegenüber der Organisation einher.

Zynismus gegenüber Change

Wer eine zynische Einstellung gegenüber dem Wandel hat, zweifelt daran, dass dieser gelingen und der Organisation einen Nutzen bringen wird. Drei Dimensionen werden unterschieden (Wanous, Reichers & Austin, 2000):

- *Pessimismus bezüglich des Change.* Hier wird erfasst, wie sehr jemand infrage stellt, dass der Change nützlich ist und zu Verbesserungen führen wird (Beispielaussage: „Die Versuche, etwas zu verbessern, werden zu nichts führen.“).
- *Situationale Attribution für das Scheitern.* Diese Dimension thematisiert als Ursache für das Scheitern des Wandels die Rahmenbedingungen, unter denen Change Leader handeln müssen (Beispielaussage: „Die Personen, die für den Wandel verantwortlich sind, werden von anderen nicht ausreichend unterstützt.“).
- *Dispositionale Attribution für das Scheitern.* Hier werden persönliche Eigenschaften der Change Leader herangezogen, um den Misserfolg der Veränderungen zu erklären (Beispielaussage: „Die Personen, die für die Verbesserungen zuständig sind, verstehen nicht genug von dem, was sie tun sollen.“).

Je stärker der Zynismus gegenüber Change ist, desto geringer fällt die Bereitschaft aus, den Wandel zu unterstützen (Wanous et al., 2000). Weniger zynisch blicken Menschen auf die Veränderungen, wenn diese nicht zu umfangreich sind und sie sich beteiligen können.

Widerstand gegenüber Change

Wer von Widerstand gegenüber Change spricht, kann damit ganz verschiedene Aspekte menschlichen Erlebens und Verhaltens meinen. Daher wird Widerstand als multidimensionales Phänomen betrachtet (Piderit, 2000). Um folgende Dimensionen geht es:

- *Kognitiver Widerstand.* Gemeint sind hier Gedanken und Bewertungen, dass der Wandel nicht nützlich ist oder der Organisation sogar schaden kann.
- *Affektiver Widerstand.* Hier geht es um negative Gefühle, also beispielsweise Ängste, Sorgen und Befürchtungen oder Ärger und Wut, die der Change auslöst.
- *Behavioraler Widerstand.* Diese Dimension bezieht sich auf Verhalten, mit dem man sich den Veränderungen widersetzt. Das Verhalten kann *aktiv* sein, wenn jemand beispielsweise bewusst fehlerhafte Informationen teilt, absichtlich Störungen hervorruft oder in einem Meeting immer wieder lautstark Zweifel am Change äußert. Es gibt aber auch eine *passive* Form des Widerstands, wenn eine Person „Dienst nach Vorschrift“ macht, einfach nicht mitdenkt oder es versäumt, andere auf Risiken oder Probleme hinzuweisen, die sie bemerkt hat.

Widerstand geht mit *Ambivalenzen* einher (Piderit, 2000). Diese können innerhalb einer Dimension liegen (intradimensionale Ambivalenz) oder zwischen den Dimensionen (interdimensionale Ambivalenz).

Beispiele für Ambivalenzen im Change

Erkenne ich beispielsweise die Vorteile einer neuen Software für die Arbeitsproduktivität meines Teams (kognitiv), mache mir aber gleichzeitig Sorgen (affektiv), ob ich deren Bedienung erlernen kann, hätten wir es mit einer interdimensionalen Ambivalenz zwischen dem kognitiven und affektiven Bereich zu tun. Bewerte ich die Software als günstig für die Produktivität, jedoch als nachteilig für meine Freiheitsgrade bei der Arbeit, wäre dies ein Fall intradimensionaler Ambivalenz im kognitiven Bereich.

Schauen wir uns kurz einige Bedingungen an, die verschiedene Dimensionen des Widerstands verstärken oder abschwächen (Oreg, 2006). Vertrauen in das Management reduziert den behavioralen Widerstand. Der kognitive Widerstand nimmt hingegen zu, wenn Personen befürchten, dass ihr Einfluss und Ansehen in der Organisation abnehmen. Wer sich schließlich sorgt, Autonomie bei der Arbeit oder sogar den Job zu verlieren, erlebt einen stärkeren affektiven Widerstand.

Einflusstaktiken und Widerstand gegenüber Change

Furst und Cable (2008) wollten in ihre Studie herausfinden, wie Menschen abhängig von der Qualität ihrer Beziehung zu einer Führungsperson reagieren, wenn diese versucht, deren Widerstand gegen den Wandel mit verschiedenen Einflusstaktiken zu verringern. Vier *Einflusstaktiken* wurden untersucht:

- Setzt eine Führungsperson die Taktik *Sanktionen* ein, kann dies beispielsweise bedeuten, dass sie einer Person wertgeschätzte Ressourcen wegnimmt oder negative Konsequenzen zuteilt.
- Bei der Taktik *Legitimierung* verweist man auf Regeln, Richtlinien oder die gelebte Praxis, um andere für die eigene Sache zu gewinnen. Beispielsweise macht eine Führungsperson deutlich, dass sie durch ihre Position befugt ist, bestimmte Dinge anzuweisen oder einzufordern.
- Wer auf die Taktik *Einschmeicheln* zurückgreift, kann beispielsweise andere loben, ihnen Interesse entgegenbringen oder Gemeinsamkeiten ansprechen.
- Schließlich kann die Führungsperson auch auf die Taktik *Konsultation* setzen und sich mit anderen beraten bzw. deren Meinungen oder Vorschläge einholen.

Sanktionen und Legitimierung gelten als *harte Taktiken*, die den eigenen Spielraum stärker einschränken und ein bestimmtes Verhalten eher erzwingen. Als *weiche* Taktiken kann man Einschmeicheln und Konsultation betrachten. Hier hat man das Gefühl, immer noch frei entscheiden zu können, wie man sich verhält.

Bei der *Qualität der Beziehung* ging es einerseits darum, wie gut die Führungsperson die Bedürfnisse der Geführten kennt; andererseits wurde betrachtet, ob den Geführten klar ist, inwieweit sie die Erwartungen ihrer Führungsperson erfüllen:

- War die *Qualität der Beziehung schlecht*, ging der verstärkte Einsatz der Taktiken Sanktionen, Legitimierung und Einschmeicheln mit größerem Widerstand einher. Selbst Komplimente oder Lob funktionieren nicht wie gewünscht, da die Personen der Führungsperson das Einschmeicheln nicht abnehmen. Es passt einfach nicht zu den bisherigen Erfahrungen, macht misstrauisch und wirkt manipulativ. Die Taktiken sind demnach nicht nur wirkungslos, sondern schaden in diesem Fall sogar.

- Bei einer *guten Qualität der Beziehung* war die stärkere Nutzung der Taktiken Legitimierung und Einschmeicheln mit einem geringeren Widerstand verbunden – kein Effekt ergab sich für die Sanktionen. Dass der Einsatz von Sanktionen nicht schadet, liegt der Interpretation der Studie zufolge daran, wie sich die Geführten erklären, warum die Führungsperson auf diese Taktik zurückgreift. Bei einer guten Beziehung gehen sie eher davon aus, dass die Führungsperson die Taktik einsetzen musste, da der Change für die Organisation besonders wichtig ist oder andere dies von ihr fordern. So wird die harte Taktik im Licht positiver Absichten gesehen.

Für die Taktik Konsultation ergab sich eine negative Beziehung zum Widerstand unabhängig von der Qualität der Beziehung. Führungspersonen sollten sich daher bewusst machen, dass zahlreiche Einflusstaktiken schaden können, wenn die Qualität der Beziehung zu Geführten nicht gut ist. Will man mehr Taktiken einsetzen, sollte man zunächst die Qualität der Beziehung verbessern. Und außerdem gilt: Betroffene zu konsultieren, ist immer eine gute Idee.

1.4 Determinanten individueller Reaktionen beachten

In der Forschung wurden vielfältige Faktoren (Determinanten) untersucht, die Effekte auf individuelle Reaktionen im Change ausüben. In Überblicksarbeiten nutzt man verschiedene Kategorien, um die vielen einzelnen Determinanten etwas übersichtlicher zu ordnen (vgl. Oreg, Vakola & Armenakis, 2011; Stegmaier, 2016). Schauen wir uns die Kategorien etwas genauer an.

Change-Betroffene. Hier geht es um Eigenschaften von Personen. Dies können Persönlichkeitsmerkmale sein, aber auch kognitive, motivationale oder emotionale Mechanismen, die das Erleben und Verhalten im Wandel entscheidend prägen.

Change-Charakteristika. Diese Kategorie betrifft grundlegende Eigenschaften des Change. Es geht also unter anderen darum, wie häufig

Change stattfindet, wie umfangreich dieser ist, wie gut der Wandel geplant wird und wie nützlich die Veränderungen erscheinen.

Change-Prozess. In dieser Kategorie wird alles gesammelt, was damit zu tun hat, wie der Change konkret umgesetzt wird. Menschen sollten beispielsweise rechtzeitig und verständlich informiert werden, sich am Prozess beteiligen können und Unterstützung erfahren, damit es ihnen gelingt, sich an veränderte Anforderungen anzupassen. Auch kann man darauf achten, den Prozess gerecht zu gestalten.

Change-Kontext. Wie Menschen auf Veränderungen reagieren, hängt auch von ihrem normalen Arbeitsumfeld ab. Hier spielen Arbeitsinhalte, Arbeitsorganisation, Arbeitsbedingungen oder auch das erlebte Führungsverhalten eine entscheidende Rolle. Dieser Kontext kann sich förderlich auf die Lern- bzw. Anpassungsfähigkeit, die Arbeitsmotivation sowie das Kompetenzniveau von Personen auswirken und diese hierdurch besser auf die Herausforderungen vorbereiten. Wer es gewohnt ist, bei der täglichen Arbeit Probleme zu bewältigen, Verantwortung für Entscheidungen zu übernehmen und immer wieder auch etwas Neues auszuprobieren, sammelt so Erfahrungen, die auch im Wandel hilfreich sind.

Resistance to Change

Aus der Forschung wissen wir, dass es manchen Menschen leichter fällt, mit Veränderungen umzugehen als anderen. Folgende Merkmale der Persönlichkeit erschweren die Bewältigung des Change (Oreg, 2003):

- *Wunsch nach Routine.* Wer einen starken Wunsch nach Routine hat, beschäftigt sich lieber mit vertrauten als neuen Dingen, pflegt gerne die eigenen Gewohnheiten und möchte nicht von unerwarteten Ereignissen überrascht werden. Der Wandel hingegen fordert von Betroffenen, offen für Neues zu sein und Gewohnheiten infrage zu stellen.
- *Emotionale Anspannung.* Wenn bei einer Person dieses Merkmal stark ausgeprägt ist, empfindet sie schnell Stress, wenn bei der Arbeit etwas nicht so läuft, wie es eigentlich geplant war. Aber nicht nur von Plänen abzuweichen, sondern auch diese zu ändern, löst bei ihr Anspannung aus. Im Wandel ist es allerdings eher üblich, dass Dinge nicht wie geplant laufen und Pläne aktualisiert werden müssen.

- *Kurzfristiges Denken.* Wer zum kurzfristigen Denken neigt, sieht oft nicht, welche Folgen etwas langfristig hat. Maßnahmen bewertet man entsprechend nur nach ihren unmittelbaren Konsequenzen. Gerade im Change ist es jedoch oft so, dass sich Bedingungen zunächst einmal verschlechtern, bevor die angestrebten Verbesserungen sichtbar werden. Dies hat mit notwendigen Lern- und Anpassungsprozessen zu tun, die ihre Zeit brauchen. Zu kurzfristig zu denken, verstellt dann den Blick auf mögliche Chancen.
- *Kognitive Rigidität.* Wenn eine Person kognitiv rigide ist, hält sie starr an ihren Sichtweisen und Überzeugungen fest. Es gelingt ihr kaum, die eigene Perspektive infrage zu stellen und Dinge anders zu bewerten, auch wenn neue Informationen oder Argumente dies überzeugend nahelegen würden. Dies erschwert es, die Bedürfnisse und Interessen anderer Menschen zu verstehen, flexibel auf sich verändernde Bedingungen zu reagieren und Bewertungskriterien an die neue Lage anzupassen.

Fazit

Je besser Change Leader das Erleben und Verhalten von anderen verstehen, desto wirksamer können sie diese unterstützen und begleiten. Dies beginnt damit, die vielfältigen Anforderungen zu erkennen, die der Wandel an Betroffene stellt. Nicht nur müssen sich Personen mit neuen Aufgaben, Prozessen und Technologien arrangieren, sondern es wird häufig auch von ihnen gefordert, sich in einem gewandelten sozialen Kontext mit anderen Werten und Normen zurechtzufinden. Da ist es nicht überraschend, dass Menschen verschiedene Formen von Unsicherheit erleben, sich von den Entwicklungen bedroht fühlen, Verluste beklagen und ihr Selbstkonzept gefährdet sehen. Individuelle Reaktionen auf den Wandel lassen sich differenziert betrachten. Es geht um kognitive Bewertungen, affektive Reaktionen, Verhaltensabsichten und tatsächliches Verhalten. Die Forschung hat hier zahlreiche Fragebogen entwickelt, mit denen man Konstrukte wie Commitment to Change, Bereitschaft für Change oder Zynismus gegenüber Change messen kann. Der Widerstand gegenüber Veränderungen ist ein multidimensionales Phänomen, das zusätzlich durch vielfältige Ambivalenzen gekennzeichnet ist. Wie Menschen letztlich reagieren, hängt vor allem ab von Merkmalen der Change-Betroffenen, den Change-Charakteristika, dem Change-Prozess sowie dem Change-Kontext.

Reflexionsfragen: Individuelle Reaktionen Change-Betroffener verstehen

Erinnern Sie sich an ein Change-Projekt und versetzen Sie sich in die Perspektive der vom Change betroffenen Personen. Idealerweise denken Sie an ein Projekt, bei dem Sie selbst ein Change Leader waren. Sollte der Change sich sehr unterschiedlich auf Personen ausgewirkt haben, konzentrieren Sie sich auf eine bestimmte Zielgruppe, die der Change in ähnlicher Weise beeinflusst hat.

Anforderungen und Bewertungen im Change

Was hat sich für die Betroffenen im Bereich ihrer Arbeitsinhalte und Arbeitsaufgaben verändert?

____

____

____

____

____

Wie hat sich der Change auf die Arbeitsbedingungen (z.B. Arbeitszeiten, Standort, Autonomie, Vergütung) der Betroffenen ausgewirkt?

____

____

____

____

____

Wie hat sich durch den Change die Relevanz der Kompetenzen der Betroffenen für ihren Job verändert?

____

____

____

____

____

Mussten sich die Betroffenen Gedanken machen, ob sie möglicherweise entlassen werden?

Wie hat sich der Change auf die Karrierechancen der Betroffenen ausgewirkt? Haben sich Kriterien der Leistungsbeurteilung durch den Change verändert?

Inwieweit hat der Change die sozialen Beziehungen der Betroffenen zu Kolleginnen und Kollegen verändert?

Wie hat der Change die Beziehungen der Betroffenen zu Führungspersonen beeinflusst?

Überlegen Sie, welche der gerade identifizierten Anforderungen die Betroffenen eher als Bedrohungen/Verluste bzw. Chancen bewertet haben.

Bedrohungen des Selbstkonzepts

Inwieweit hat der Change das Bedürfnis nach Selbstkontrolle der Betroffenen bedroht?

Wie hat sich der Change auf das Bedürfnis nach Einzigartigkeit der Betroffenen ausgewirkt?

Inwieweit hat der Change den Selbstwert der Betroffenen beeinflusst?

Inwieweit hat der Change das Bedürfnis der Betroffenen nach Kontinuität bedroht?

2 Potenziale von Achtsamkeit im Change nutzen

Eine achtsame Haltung kann hilfreich für Change Leader sein, die schwierige Entscheidungen treffen müssen, immer wieder auch negative Emotionen erleben werden und Probleme kreativ lösen wollen. Wir werden uns zunächst anschauen, was man eigentlich unter Achtsamkeit versteht und mit welchen Übungen sich diese entwickeln lässt. Dann geht es darum, wie genau Achtsamkeit beim Entscheiden, bei der Regulation schwieriger Emotionen sowie der Entwicklung kreativer Ideen nützlich sein kann.

2.1 Eigene Achtsamkeit stärken

Achtsamkeit hat mit einer besonderen Form der Regulation von Aufmerksamkeit sowie spezifischen Haltung gegenüber den eigenen Erfahrungen zu tun. Hierbei sind folgende Aspekte bedeutsam (vgl. Bishop et al., 2004).

Präsenz. Man nimmt aufmerksam wahr, was im gegenwärtigen Moment geschieht. Dies betrifft sowohl eigene innere Ereignisse (z.B. Gedanken, Gefühle, Körperempfindungen) als auch äußere Geschehnisse (z.B. das Wetter, Geräusche oder die Stimmung einer anderen Person). Die Gedanken schweifen hierbei nicht unkontrolliert in die Vergangenheit (z.B. in Form von Erinnerungen) oder Zukunft (z.B. als Vorsätze, Pläne oder Sorgen).

Akzeptanz, Neugierde und Offenheit. Außerdem kann man länger bei der unmittelbaren Erfahrung verweilen, ohne diese im Licht eigener Erwartungen, Bedürfnisse und Überzeugungen bewerten oder einordnen zu müssen. Die Haltung gegenüber der Erfahrung ist geprägt von Akzeptanz, Neugierde und Offenheit. So wird etwas nicht vorschnell kategorisiert oder etikettiert; Strategien zur Vermeidung von Erfahrungen kommen seltener zum Einsatz.

Einsicht und Distanzierung. Die Neugierde gegenüber den eigenen Erfahrungen fördert Einsichten in das Zusammenspiel beispielsweise von Gedanken, Gefühlen, Körperempfindungen und Verhaltensweisen. Man kann außerdem zunächst eine gewisse Distanz zu den Erfahrungen halten, sodass man sich nicht sofort mit jedem Gedanken oder Gefühl identifizieren muss (Bernstein et al., 2015). Erkannte Muster und eine Haltung der interessierten Selbstbeobachtung erlauben einem, weniger automatisch zu reagieren.

Fokuswechsel. Die Regulation der Aufmerksamkeit ermöglicht es, den Fokus auf einem spezifischen Objekt zu halten (Stabilität) oder diesen bewusst auf etwas anderes zu richten (Wechsel). Dank der Stabilität der Aufmerksamkeit kann man sich konzentriert einer Sache widmen, eine Absicht im Bewusstsein halten oder etwas genau betrachten. Wechsel im Fokus der Aufmerksamkeit sind beispielsweise relevant, wenn man bei einem Problem sowohl auf Details als auch den größeren Zusammenhang achten muss.

Mittlerweile gibt es zahlreiche Fragebogen, mit denen die Achtsamkeit von Menschen gemessen werden kann. Ein Beispiel ist die deutschsprachige Version des *Kentucky Inventory of Mindfulness Skills* (KIMS-D). Dieser Fragebogen erfasst Achtsamkeit mithilfe von vier Dimensionen (vgl. Ströhle, Nachtigall, Michalak & Heidenreich, 2010):

- *Beobachten.* Hier geht es darum, wie aufmerksam man ist für innere Reize (z.B. Atmung, Bewegungen, Muskelspannung, Beziehungen zwischen Gefühlen und Gedanken) und äußere Eindrücke (z.B. Geräusche, Gerüche, Farben oder Muster).
- *Beschreiben.* Diese Dimension bezieht sich auf das begriffliche Beschreiben bzw. Benennen der Erfahrungsinhalte. Erfasst wird also, wie gut es gelingt, beispielsweise Gefühle, Gedanken oder körperliche Empfindungen durch passende Worte auszudrücken.
- *Mit Aufmerksamkeit handeln.* Eine starke Ausprägung dieser Dimension bedeutet, dass man etwas in der Regel konzentriert tut und ganz in der Sache aufgeht. Wenn eine Person nicht aufmerksam handelt, ist sie leicht abgelenkt, schweift schnell in Gedanken ab, beschäftigt sich häufig mit mehreren Dingen gleichzeitig und bemerkt oft nicht, was sie eigentlich gerade tut.
- *Akzeptieren.* Diese Dimension thematisiert, inwieweit man die eigenen Erfahrungen zunächst annehmen kann, ohne sie sofort bewerten oder verändern zu müssen. So kann man beispielsweise Gedanken

oder Gefühle wahrnehmen, ohne sie direkt als richtig oder falsch bzw. gut oder schlecht einzuordnen. Es geht hier aber vor allem um die unmittelbare Haltung gegenüber der Erfahrung. Später kann es natürlich hilfreich sein, die Erfahrung zu bewerten und auch etwas zu verändern. Akzeptanz sollte daher nicht als Passivität, Standpunktlosigkeit oder Gleichgültigkeit missverstanden werden. Sie hilft aber, ohnehin geschehene Dinge zunächst einmal nicht zu leugnen und sie so klarer zu sehen.

Eine achtsame Haltung kann hilfreich sein, wenn man mit anderen Menschen Gespräche führt. Für diesen spezifischen Kontext haben Pratscher, Wood, King und Bettencourt (2019) einen *Fragebogen zur interpersonalen Achtsamkeit* entwickelt. Vier Dimensionen werden unterschieden:

- *Präsenz.* Wer in einem Gespräch wirklich präsent ist, hört der anderen Person aufmerksam zu, lässt sich ganz auf den Austausch ein, denkt nicht gleichzeitig an andere Dinge und ist weniger leicht ablenkbar.
- *Gewahrsein von Selbst und anderen.* Einerseits geht es darum, im Gespräch die Gefühle bzw. Stimmungen einer anderen Person zu erkennen und auch nonverbale Signale zu bemerken (z. B. Gesichtsausdruck, Körpersprache). Andererseits sollte man sich auch der Wirkung der eigenen Gefühle bzw. Stimmungen im Gespräch bewusst sein.
- *Nicht wertende Akzeptanz.* Man hört einer anderen Person zu, ohne sie beurteilen oder verändern zu wollen. Außerdem akzeptiert man, dass sie Dinge anders sieht als man selbst, und folgt dennoch aufmerksam dem, was sie sagt.
- *Nicht-Reaktivität.* Bevor eine Person spricht, denkt sie zunächst in Ruhe nach, was sie sagen möchte und welche Absicht sie damit verbindet. Sie bemerkt eigene Gefühle und lässt sich von diesen nicht mitreißen, etwas zu sagen, was sie später bereut. Auch berücksichtigt sie, wie das, was sie zu äußern beabsichtigt, auf die andere Person wirken könnte.

Achtsamkeit bei Führungspersonen

Führungspersonen mit größerer allgemeiner Achtsamkeit kommunizieren achtsamer mit anderen, was in der Folge dazu beiträgt, dass die Geführten sowohl mit der Kommunikation als auch der Person selbst deutlich zufriedener sind (Arendt, Verdorfer & Kugler, 2019). Die Führungsperson kann demnach etwas für die Zufriedenheit der Geführten tun, indem sie sich im Gespräch auf die andere Person konzentriert, eine offene Haltung zeigt, auch bei schwierigen Themen gelassen bleibt und nicht impulsiv reagiert.

In einer weiteren Studie konnten Pinck und Sonnentag (2018) zeigen, dass die Achtsamkeit einer Führungsperson mit ihrem Führungsstil zusammenhängt. Je achtsamer eine Führungsperson ist, desto stärker führt sie transformational (zur Begriffsklärung siehe Abschnitt 6.2), was in der Folge mit größerer Arbeitszufriedenheit, stärkeren positiven Gefühlen und weniger psychosomatischen Beschwerden der Geführten verbunden ist.

Wer die eigene Achtsamkeit stärken möchte, kann formelle oder informelle Achtsamkeitsübungen praktizieren (vgl. Alberts & Hülsheger, 2015). Bei informellen Achtsamkeitsübungen geht es darum, ganz alltägliche Handlungen bewusst und achtsam wahrzunehmen, während für formelle Übungen ein Zeitfenster reserviert werden muss, in dem man sich ausschließlich dieser Übung widmet. Klassische *formelle Übungen* sind der Body-Scan sowie die Sitzmeditation.

Body-Scan. Bei dieser Übung lenkt man die Aufmerksamkeit nacheinander auf Empfindungen in unterschiedlichen Körperregionen. Man beginnt beispielsweise mit den Füßen und wandert dann mit der Aufmerksamkeit weiter nach oben im Körper. Es geht darum, die Empfindungen einfach nur genau wahrzunehmen und nicht darum, sie zu beeinflussen. Typische Empfindungen sind Schwere, Wärme, Pulsieren, Kribbeln oder Spannungen. An einigen Stellen des Körpers wird man möglicherweise keine deutliche Empfindung spüren. Womöglich bemerkt man auch bei manchen Empfindungen, wie diese sich permanent verändern: So kann ein Kribbeln stärker oder schwächer werden und schließlich ganz verschwinden. Lenken einen beim Body-Scan beispielsweise Gedanken oder Geräusche ab, bemerkt man dies und bringt die Aufmerksamkeit immer wieder zum Körper zurück.

Sitzmeditation. Bei dieser Übung dient der Atem als Anker für die Aufmerksamkeit. Man nimmt eine aufrechte Sitzhaltung ein und verfolgt, wie der Atem ein- und ausströmt. Vielleicht bemerkt man hierbei, wie sich der Brustkorb hebt und senkt oder ob man schnell bzw. langsam atmet. Manche Atemzüge können tiefer, andere oberflächlicher sein. Wird einem bewusst, dass die Aufmerksamkeit nicht mehr beim Atem ist, lenkt man sie wieder auf diesen zurück.

Schauen wir uns auch einige *informelle Übungen* an (Alberts & Hülsheger, 2015):

- *Tägliche Routinen achtsam ausführen.* Alltägliche Gewohnheiten können auch zur Achtsamkeitsübung werden. Wenn man beispielsweise den Tisch für das Frühstück deckt oder den Boden fegt, kann man die erforderlichen Bewegungen und die damit verbundenen Körperempfindungen bzw. Sinneseindrücke bewusst wahrnehmen. Fällt einem auf, dass man beim Fegen schon den Ausflug für das Wochenende plant, kommt man mit der Aufmerksamkeit wieder zur eigentlichen Aktivität zurück.
- *Den eigenen Körper bewusst wahrnehmen.* Immer wieder über den Tag verteilt, kann man den eigenen Körper bewusst wahrnehmen und darauf achten, wie man sitzt, steht und sich bewegt; oder ob man Spannungen im Körper spürt. Der Körper wird so als Anker genutzt, um stärker im Hier und Jetzt zu sein und den strömenden Gedankenfluss einmal kurz zu unterbrechen.
- *Verhaltensmuster erkennen.* Wer aufmerksam das eigene Verhalten beobachtet, wird leichter wiederkehrende Muster erkennen. So fällt einem vielleicht auf, dass ein bestimmtes Verhalten anderer einen reizt und man dann häufig unfreundlich reagiert. Ist das Muster durchschaut, bemerkt man den Impuls zukünftig schneller und kann sich dann in letzter Sekunde noch entscheiden, anders als sonst zu antworten. Glücklicherweise agieren wir nicht jeden Impuls zu einer Handlung aus. Es kann aber für die Selbstkenntnis nützlich sein, auch diese Impulse aufmerksam wahrzunehmen.
- *Achtsam mit anderen sprechen.* Gespräche mit anderen sind eine gute Gelegenheit, um die eigene Achtsamkeit zu fördern. Man kann aufmerksam zuhören, was die andere Person sagt, und bewusst wahrnehmen, wie es ihr geht. Bevor man selbst spricht, sollte man sich darüber klar werden, warum man etwas sagen möchte und bedenken, wie dies auf die andere Person wirken könnte. Möglicherweise entscheidet man sich dann gelegentlich, etwas nicht oder anders zu sagen. Auch in einem Gespräch wird man ab und zu gedanklich abschweifen und dann nicht mehr richtig zuhören. Dies zu bemerken, ist ein achtsamer Moment und damit wichtiger Teil der Übung.

2.2 Achtsam Entscheidungen treffen

In Veränderungsprozessen müssen viele Entscheidungen getroffen werden, die oft weitreichende Konsequenzen haben. Change Leader sollten daher klug und angemessen entscheiden; eine achtsame Haltung kann hierbei hilfreich sein. Karelaia und Reb (2015) haben einige Thesen formuliert, wie sich Achtsamkeit beim Entscheiden auswirken könnte, und hiermit gleichzeitig weiteren Forschungsbedarf aufgezeigt.

Entscheidungsbedarf erkennen. Mit größerer Achtsamkeit nimmt man Chancen oder Probleme, die Entscheidungen erfordern, eher wahr, denkt offener über diese nach und entscheidet schließlich weniger automatisiert.

Angemessene Entscheidungsoptionen entwickeln. Die mit Achtsamkeit verbundene Neugierde und Offenheit dürfte einen motivieren, die für eine Entscheidung erforderlichen Informationen zu beschaffen und diese sorgfältig zu analysieren. Außerdem sollte eine achtsame Person sich auch klar darüber sein, inwieweit eine Entscheidung ihre eigenen Ziele bzw. Werte berührt. Entsprechend ist zu erwarten, dass sie Entscheidungsoptionen entwickelt, die zur Situation und den persönlichen Zielen bzw. Werten passen.

Entscheidungen priorisieren. Wer klar erkennt, was aktuell von einer Organisation gefordert ist, kann Entscheidungen besser priorisieren und sich auf dringliche bzw. bedeutsame Fragen konzentrieren. Man lässt sich nicht einfach durch Erwartungen anderer unter Entscheidungsdruck setzen, sondern macht sich selbst ein Bild davon, was im Moment zählt und Aufmerksamkeit verdient. Unnötige Entscheidungen werden so eher vermieden.

Ethische Aspekte einer Entscheidung erkennen. Wer sich der eigenen Werte bzw. moralischen Maßstäbe bewusst ist und sich außerdem für die Bedürfnisse anderer interessiert, sollte beim Entscheiden schneller ethische Herausforderungen bemerken: So könnte eine Entscheidung zu Konsequenzen führen, die mit den eigenen Werten oder den Bedürfnissen anderer im Widerspruch stehen.

Bestätigungstendenz widerstehen. Achtsame Personen dürften bei einer Entscheidung weniger anfällig sein, in erster Linie Informationen zu berücksichtigen, die ihre bisherigen Überzeugungen unterstützen, und widersprechende Informationen auszublenden. Diese geringere Bestätigungstendenz könnte zustande kommen, da Achtsamkeit mit der Fähigkeit zur Distanzierung von den eigenen Gedanken verbunden ist, sodass man sich weniger bedroht fühlen sollte, wenn neue Informationen bisherige Überzeugungen infrage stellen.

Selbstüberschätzung vermeiden. Wer sich achtsam beobachtet, kennt auch eher die Grenzen des eigenen Wissens und akzeptiert, dass persönliche Urteile und Entscheidungen fehlerhaft sein können. Dies kann einen davor bewahren, sich selbst zu überschätzen. Vielmehr wird man dann möglichst realistisch prüfen, was man sich zutrauen kann, um bei einer Entscheidung keine unverantwortbaren Risiken einzugehen.

Mit Unsicherheit beim Entscheiden umgehen können. Die Achtsamkeit hilft einem bei einer unsicheren Entscheidung, negative Gefühle wie Ängste oder Befürchtungen zu erkennen, ohne sich mit diesen so stark zu identifizieren, dass sie zu einer Blockade der Entscheidung beitragen könnten. Vor allem fällt einem auf, wenn man durch immer weitere Suche von Informationen und anschließende Analysen beginnt, das Entscheiden aufzuschieben.

Intuition angemessen einsetzen. Bei manchen Entscheidungen legen nicht nur die Ergebnisse einer rationalen Analyse, sondern auch die eigene Intuition einem nahe, was man tun sollte. Achtsamkeit könnte in diesem Fall dazu beitragen, dass man die Intuition besser nutzt, die sich in der Regel durch körperliche Empfindungen ausdrückt: Etwas fühlt sich richtig oder falsch an. Achtsamkeit ermöglicht es, diese Signale des Körpers überhaupt differenziert wahrzunehmen. Allerdings sollte man der eigenen Intuition nur dann Gehör schenken, wenn man in einem Bereich ausreichend relevante Erfahrungen gesammelt hat, die dann in der Intuition ihren Ausdruck finden (Sadler-Smith & Sparrow, 2008). Die mit der Achtsamkeit einhergehende Selbstkenntnis könnte hier nützlich sein, um besser einschätzen zu können, ob man überhaupt über die notwendigen Erfahrungen verfügt.

Sich für Feedback zu Entscheidungen interessieren. Es ist zu erwarten, dass achtsame Personen durch ihre akzeptierende Haltung sowie die Fähigkeit zur Distanzierung offener sind für Feedback zu ihren Entscheidungen und sich durch negatives Feedback weniger bedroht fühlen. So können sie etwas Wertvolles für zukünftige Entscheidungen lernen.

Aus Fehlern bei Entscheidungen lernen. Gelingt etwas, schreibt man sich den Erfolg gerne selbst zu (internale Attribution), geht es hingegen schief, macht man häufig äußere Faktoren hierfür verantwortlich (externale Attribution). Dieses Erklärungsmuster schützt zwar den eigenen Selbstwert, kann aber verhindern, dass man Ursachen von Ergebnissen realistisch bewertet. Da achtsame Personen sich durch Fehler oder Misserfolge nicht so stark bedroht fühlen, sollte ihr Bedürfnis schwächer sein, sich die Konsequenzen einer Entscheidung selbstwertdienlich zu erklären. Je realistischer man schließlich erkennt, welche Ursachen zu einem Geschehen beigetragen haben, desto mehr kann man aus vergangenen Entscheidungen für die Zukunft lernen.

2.3 Eskalierendem Commitment entgegenwirken

Von eskalierendem Commitment spricht man, wenn jemand an einer Entscheidung, einem Projekt oder einer Investition festhält und weiter Zeit sowie andere Ressourcen investiert, obwohl negatives Feedback und ausbleibende Fortschritte deutlich signalisieren, dass es besser wäre, sich neu zu orientieren (Sleesman, Conlon, McNamara & Miles, 2012). Dieser Effekt spielt auch in Veränderungsprozessen eine Rolle. Einerseits kann es vorkommen, dass man notwendige Veränderungen vermeidet, weil man an bestehenden Strukturen und Prozessen festhalten möchte, die mühevoll aufgebaut wurden. Andererseits setzt man vielleicht ein Veränderungsprojekt fort, in das bereits viel investiert wurde, auch wenn die meisten in der Organisation bereits merken, dass dieses nicht erfolgreich sein wird. In ihrer Meta-Analyse haben Sleesman et al. (2012) unter anderem folgende Faktoren identifiziert, die das eskalierende Commitment verstärken:

- Fehlende *Informationen über Opportunitätskosten* erschweren es zu erkennen, welchen Nutzen man erzielen könnte, wenn man Ressourcen für andere Projekte und Ziele einsetzt.
- Hohe *Unsicherheit bezüglich der Konsequenzen* einer Entscheidung erlaubt es, sich auf vermeintlich positive Trends zu konzentrieren und problematische Entwicklungen auszublenden.
- *Versunkene Kosten* und bereits *investierte Zeit* sollen nicht umsonst gewesen sein, da man nicht verschwenderisch mit organisationalen Ressourcen umgehen möchte.

- Je mehr *Selbstvertrauen* und *Expertise* eine Person hat, desto eher ist sie davon überzeugt, ein scheiterndes Projekt noch retten zu können.
- War jemand *persönlich verantwortlich* für eine problematische Entscheidung, steigt der empfundene Rechtfertigungsdruck, da man den eigenen Selbstwert schützen möchte.
- Je *näher* ein Projekt einem möglichen *Abschluss* kommt, desto eher werden die ursprünglichen Projektziele so angepasst, dass man das Projekt beenden kann, ohne die ursprünglichen Erwartungen erfüllen zu müssen.
- Ein starkes Gefühl der Zusammengehörigkeit in einer Gruppe (*Kohäsion*) verstärkt die Orientierung an deren Normen (Konformität) und blockiert so Kritik an den eigenen Entscheidungen.

Menschen mit größerer Achtsamkeit lassen sich weniger von versunkenen Kosten bei ihren Entscheidungen beeinflussen (Hafenbrack, Kinias & Barsade, 2014). Zwei Mechanismen spielen hier eine Rolle: Wer achtsamer ist, konzentriert sich stärker darauf, was die aktuelle Situation fordert, und denkt seltener über Vergangenheit und Zukunft nach. Man will jetzt richtig entscheiden, sodass versunkene Kosten weniger schwer wiegen. Außerdem erleben achtsame Menschen beim Entscheiden seltener negative Emotionen wie Angst oder Ärger und fürchten sich nicht so sehr davor, durch ihr Tun Selbstwert oder Anerkennung von anderen zu verlieren.

2.4 Negativitätsverzerrungen abschwächen

Negativitätsverzerrungen beeinflussen das menschliche Erleben und Verhalten. Wir bemerken negative Reize schneller, reagieren stärker auf diese und widmen uns insgesamt intensiver negativen als positiven Dingen (Baumeister, Bratslavsky, Finkenauer & Vohs, 2001; Rozin & Royzman, 2001). In der Evolution war es wahrscheinlich vorteilhaft, Gefahren und Bedrohungen nicht zu übersehen, auch wenn dies ab und zu mit einem falschen Alarm bezahlt werden musste. Baumeister et al. (2001) beschreiben in ihrem Forschungsüberblick zu Negativitätsverzerrungen unter anderem die folgenden bestätigten Effekte:

- In engen Beziehungen hat negatives Verhalten mehr Konsequenzen als positives Verhalten. Misslungene Kommunikation beispielsweise schadet der Beziehung mehr als ihr ein gelungener Austausch nutzt.
- Negative Emotionen und Stimmungen wirken stärker auf unser Denken und die Verarbeitung von Informationen als positive Affekte.
- Bei der Emotionsregulation bemühen sich Menschen vor allem, negative Emotionen zu vermeiden oder zu reduzieren. Weniger engagiert sind sie hingegen, positive Emotionen hervorzurufen oder zu verlängern.
- Negatives Feedback beeinflusst Menschen stärker als positives Feedback, wenn es beispielsweise um die Bewertung der eigenen Leistung oder die Einschätzung des Selbstvertrauens geht.
- Ein unerwarteter finanzieller Verlust wiegt schwerer als ein Gewinn in vergleichbarer Höhe; d.h. wir ärgern uns mehr über 100 Euro, die wir an der Börse verloren haben, als wir uns über gewonnene 100 Euro freuen.
- Wenn wir jemanden neu kennenlernen, prägen negative Eindrücke unsere Wahrnehmung der Person stärker als positive Informationen.

Negativitätsverzerrungen im Change

Im Change können sich Negativitätsverzerrungen beispielsweise zeigen, wenn Menschen vor allem Verluste bzw. Bedrohungen wahrnehmen und Chancen bzw. Verbesserungen nicht erkennen. Muss man eine interessante Aufgabe abgeben und bekommt dafür eine vergleichbar attraktive neue Aufgabe, hat man trotzdem das Gefühl, die eigene Situation habe sich verschlechtert, da wir auf Verluste (Ärger über Wegfall der alten Aufgabe) stärker reagieren als auf Gewinne (Freude über die neue Aufgabe). Oder man erinnert sich in erster Linie daran, was bei der letzten Veränderung alles nicht gelungen ist, und blendet Erfolge aus, die es vielleicht auch gegeben hat.

In einem Experiment konnten Kiken und Shook (2011) zeigen, dass Menschen nach einer achtsamkeitsbasierten Intervention weniger anfällig für Negativitätsverzerrungen waren, wenn sie eine Einstellung zu neuen Reizen entwickeln mussten. Dies wird unter anderem damit begründet, dass achtsame Personen mehr freie kognitive Ressourcen haben, die sie einsetzen können, um sich stärker auch auf positive Informationen zu konzentrieren. Für den Wandel könnte dies bedeuten, dass achtsame Personen offener für dessen positive Aspekte sind und so zu einem ausgewogenen Verständnis der Vor- und Nachteile des Change gelangen.

2.5 Achtsam negative Emotionen regulieren

Eine achtsame Haltung kann einem dabei helfen, eigene Emotionen zu regulieren. Schauen wir uns an, was dies konkret bedeutet (vgl. Chambers, Gullone & Allen, 2009; Farb, Anderson, Irving & Segal, 2014; Hill & Updegraff, 2012).

Emotionen bewusst und differenziert wahrnehmen. Eine achtsame Emotionsregulation beginnt damit, dass man die eigenen Emotionen bewusst wahrnimmt, so wie sie gerade sind, ohne diese zu vermeiden, zu unterdrücken oder zu verstärken. Man ist offen für die erlebten Emotionen unabhängig davon, ob sie angenehm oder unangenehm sind, und bemerkt, wie diese sich im Körper anfühlen und ohne unser Zutun auch verändern. So lernen wir, verschiedene Emotionen besser voneinander zu unterscheiden.

Negative Emotionen nicht verstärken. Wenn man sich beispielsweise über etwas geärgert hat, kann man versuchen, nicht immer wieder an das Ereignis zu denken. Wiederholt in der Erinnerung durchzuspielen, was jemand getan oder gesagt hat, und über die Ursachen hierfür zu spekulieren, führt eher zur Identifikation mit der negativen Emotion und wird diese häufig weiter verstärken. Aber man kann die kognitive Elaboration und Bewertung des Ereignisses auch unterbrechen oder gar nicht erst initiieren. Alternativ richtet man die Aufmerksamkeit dann auf die Empfindungen im gegenwärtigen Moment und lässt das Nachdenken über das Geschehene los. Vielleicht bemerkt man dann sogar, wie der Ärger langsam seine Energie verliert und abklingt.

Freiheitsgrade durch eine beobachtende Perspektive gewinnen. Wenn es einem gelingt, eigene negative Emotionen mit einer gewissen Distanz zu beobachten, wird man nicht so schnell gewohnheitsmäßig und automatisiert auf diese reagieren. So lässt sich vielleicht ein spontaner Kommentar vermeiden, den man später bereuen würde. Zum Ärger kommt dann nicht noch eine weitere negative Emotion wie Schuld oder Scham über die unangemessene Reaktion hinzu. Ab und zu wird man es schaffen, die negative Emotion mit Offenheit und Neugierde zu beobachten und auf voreilige Bewertungen zu verzichten. Dann kann man neue Einsichten gewinnen und sich selbst ein wenig besser verstehen. Es geht demnach nicht darum, unsere Erfahrungen unmittelbar zu verändern, sondern ihnen gegenüber zunächst eine akzeptierende und interessierte Haltung einzunehmen. Aus der beobachtenden Perspektive kann man sich dann bewusst entscheiden, mit welchen Gefühlen man sich identifizieren möchte. So müssen wir uns nicht jede negative Emotion direkt als persönlichen Fehler anlasten.

Beispiele für negative Emotionen eines Change Leader und mögliche Auslöser

- *Ärger:* Jemand kritisiert den Wandel und verbreitet negative Gerüchte.
- *Ungeduld:* Die Veränderungen dauern länger als erwartet und erste Verbesserungen sind noch nicht spürbar.
- *Schuld:* Man muss Entscheidungen treffen, die für andere negative Konsequenzen haben.
- *Angst:* Vieles im Wandel ist noch unsicher, sodass unklar ist, ob die formulierten Ziele überhaupt erreicht werden können.
- *Hoffnungslosigkeit:* Es gibt so viele Probleme im Change, dass man zweifelt, ob der Wandel überhaupt noch zu schaffen ist.

2.6 Achtsam kreative Ideen entwickeln

Langer und Moldoveanu (2000) sehen es als Ausdruck von Achtsamkeit, wenn jemand Erfahrungen durch neue Differenzierungen bzw. Kategorisierungen strukturiert, die den Besonderheiten der aktuellen Situation gerecht werden. Wie man etwas wahrnimmt und darauf reagiert, wird so nicht in erster Linie durch etablierte Gewohnheiten und Regeln der Vergangenheit gesteuert, sondern flexibel der Situation angepasst. Entsprechend ist man offen für neue Informationen und achtet auf Details, die in der gegenwärtigen Situation einen Unterschied machen können. Dieses Verständnis rückt Achtsamkeit in die Nähe zur Kreativität.

In einer Meta-Analyse haben Lebuda, Zabelina und Karwowski (2016) anhand von Daten aus 20 unabhängigen Stichproben untersucht, ob Achtsamkeit mit Kreativität verbunden ist. Es ergibt sich ein kleiner bis mittelstarker positiver Effekt der Achtsamkeit auf die Kreativität, der für die Technik „offenes Gewahrsein" (siehe die Begriffsklärung weiter unten) stärker ausfällt als für „konzentrierte Präsenz". Die Effekte zeigen sich sowohl in Experimenten als auch Korrelationsstudien, was die kausale Interpretation stärkt, dass Achtsamkeit tatsächlich die Kreativität fördert. In der Meta-Analyse werden einige mit Achtsamkeit verbundene Prozesse thematisiert, die zur Kreativitätsförderung beitragen könnten: Wer achtsamer ist, kann leichter Perspektiven wechseln, fürchtet sich weniger vor Bewertungen, reagiert unabhängiger von Gewohnheiten und hat ein besser funktionierendes Arbeitsgedächtnis. Der Vorteil des offenen Gewahrseins wird darin gesehen, dass man interessante Informationen eher bemerkt und die Aufmerksamkeit flexibel zwischen verschiedenen Informationen wandern lässt. So können neue Einsichten angestoßen und überraschende Zusammenhänge erkannt werden.

Moore und Malinowski (2009) untersuchten Effekte von Meditation auf Achtsamkeit und kognitive Flexibilität. Personen mit einer Meditationspraxis können sich besser konzentrieren, ablenkende Informationen erfolgreicher ignorieren und automatisierte Reaktionen wirksamer unterbrechen. Außerdem schätzen Menschen mit einer Meditationspraxis ihre Achtsamkeit höher ein als Personen ohne vergleichbare Praxis. Für die selbsteingeschätzte Achtsamkeit zeigen sich mittlere bis starke positive Zusammenhänge mit den verschiedenen Maßen der kognitiven Flexibilität.

Colzato, Ozturk und Hommel (2012) wollten herausfinden, ob sich verschiedene Formen der Meditation in ihrer Wirkung auf die Kreativität unterscheiden. Es gab zwei Gruppen: fokussierte Konzentration und offenes Gewahrsein:

- Bei der *fokussierten Konzentration* wählen Personen einen Anker für ihre Aufmerksamkeit (z.B. den Atem), ignorieren möglichst alle anderen Erfahrungen und kehren immer wieder zum Atem zurück, sobald sie merken, dass sie abschweifen.
- Beim *offenen Gewahrsein* ist man aufmerksam für alle auftauchenden Erfahrungen (z.B. Gedanken, Gefühle), ohne diese jedoch festzuhalten oder aktiv zu beeinflussen. Die Aufmerksamkeit ist uneingeschränkt und flexibel.

Die Kreativität wurde mit einer klassischen Aufgabe zum divergenten Denken gemessen. Die Personen mussten sich für verschiedene Alltagsgegenstände überlegen, wie man diese ungewöhnlich verwenden kann. Je mehr Ideen man hier hat, desto höher ist die Kreativität. Insgesamt nahmen die Personen beider Gruppen immer im Abstand von zehn Tagen dreimal an jeweils 45-minütigen Meditationen teil. Nach jeder Sitzung bearbeiteten die Personen die Kreativitätsaufgaben. Personen aus der Gruppe „offenes Gewahrsein" entwickeln mehr kreative Ideen als die Teilnehmenden der Gruppe „fokussierte Konzentration". In der Studie wird dies damit erklärt, dass die Meditation „offenes Gewahrsein" eine Form des Denkens begünstigt, die weniger kontrolliert ist und damit ungewöhnliche Einfälle bzw. neuartige Kombinationen zulässt. Die „fokussierte Konzentration" sollte hingegen dazu führen, dass man stärker kontrolliert nachdenkt und entsprechend weniger flexibel ist, Perspektiven zu wechseln und Konzepte aus unterschiedlichen Bereichen zu verbinden.

Fluchtmethode als Kreativitätstechnik

Eine Kreativitätstechnik, die sehr gut zu einer achtsamen Haltung passt, ist die sogenannte „Fluchtmethode" (Rustler, 2016). Stellen wir uns vor, jemand will Ideen entwickeln, wie sich Seminare anders gestalten lassen. Im ersten Schritt identifiziert man Grundannahmen, die man mit Seminaren verbindet. Also zum Beispiel:

- Der Input kommt überwiegend von der lehrenden Person.
- Die Inhalte des Seminars sind bereits vorher eindeutig festgelegt.
- Alle Teilnehmenden befinden sich an einem Ort.

Beim zweiten Schritt stellt man diese Grundannahmen bewusst infrage und überlegt, was dies für eine neue Art von Seminar bedeuten könnte. Es geht also darum, gewohnten Sichtweisen zu „entfliehen" und sich von den eigenen Grundannahmen zu lösen. Dann kommt man vielleicht auf folgende Ideen:

- Die Teilnehmenden präsentieren einen großen Teil der Inhalte.
- Die Inhalte des Seminars werden im Verlauf flexibel angepasst.
- Die Teilnehmenden sind an unterschiedlichen Orten und über Videokonferenzsysteme miteinander verbunden.

Fazit

Achtsamkeit kann dazu beitragen, dass Change Leader bessere Entscheidungen treffen, Urteilsfehler wie eskalierendes Commitment oder Negativitätsverzerrungen reduzieren und kreative Ideen zur Lösung von Problemen entwickeln. Die Kreativität wird in erster Linie durch offenes Gewahrsein und eine größere kognitive Flexibilität unterstützt. Außerdem erleichtert eine achtsame Haltung die Bewältigung schwieriger Emotionen im Wandel, indem man negative Emotionen nicht zusätzlich verstärkt und zunächst eine beobachtende Perspektive gegenüber den eigenen Erfahrungen einnimmt, ohne sich zu schnell mit diesen zu identifizieren. Je nach Präferenz kann man die Achtsamkeit mithilfe formeller oder informeller Interventionen entwickeln. Beispielsweise lassen sich achtsame Gespräche als informelle Übung reibungslos in den Arbeitsalltag integrieren.

Übung: Achtsam Gespräche führen (in Anlehnung an Pratscher et al., 2019)

Wählen Sie ein Gespräch, das Sie demnächst bei der Arbeit führen. Werden Sie sich darüber klar, mit welcher Absicht Sie in das Gespräch gehen. Versuchen Sie, im Gespräch interpersonal achtsam zu sein. Reflektieren Sie nach dem Gespräch die folgenden Fragen.

Welche nonverbalen Signale sind Ihnen bei der anderen Person aufgefallen?

____

____

____

____

Welche Gefühle und Stimmungen haben Sie bei der anderen Person bemerkt?

____

____

____

____

Welche Gefühle und Stimmungen haben Sie bei sich selbst wahrgenommen? Wodurch wurden diese möglicherweise ausgelöst?

____

____

____

____

Haben Sie bemerkt, dass Sie im Gespräch ab und zu an etwas anderes gedacht haben? Woran zum Beispiel?

____

____

____

____

Bei welchen Punkten im Gespräch fiel es Ihnen schwer, weiter aufmerksam zuzuhören und offen zu bleiben für das, was die andere Person sagt? Woran lag das?

____

____

____

____

Haben Sie Dinge im Gespräch gesagt, die Sie eigentlich nicht sagen wollten? Was war das zum Beispiel? Warum haben Sie es trotzdem gesagt?

____

____

____

____

Kam es vor, dass Sie etwas sagen wollten, es dann aber nicht gesagt haben, weil Sie abgewogen haben, wie dies auf die andere Person wirken würde? Was war das zum Beispiel?

____

____

____

____

Konnten Sie im Gespräch etwas darüber lernen, wie Ihre eigenen Gefühle und Stimmungen Ihr Gesprächsverhalten beeinflussen? Was war für Sie eine neue Einsicht?

____

____

____

____

Reflexionsfragen: Eskalierendes Commitment

Erinnern Sie sich an ein Beispiel für eskalierendes Commitment bei der Arbeit. Reflektieren Sie das Beispiel mithilfe der folgenden Fragen.

Beschreiben Sie zunächst das Beispiel. Woran hat man festgehalten? Was hat man fortgesetzt und nicht beendet?

____

____

____

____

Welche Ursachen haben zum eskalierenden Commitment in diesem Fall beigetragen? Denken Sie an persönliche, strukturelle oder projektspezifische Ursachen.

____

____

____

____

Welche Konsequenzen hatte das eskalierende Commitment in diesem Fall für Sie persönlich, für Ihre Abteilung oder die gesamte Organisation?

____

____

____

____

Wie hätte man das eskalierende Commitment in diesem Fall vermeiden können?

____

____

____

____

Checkliste: Achtsam Emotionen regulieren (nach Chambers et al., 2009; Farb et al., 2014; Hill & Updegraff, 2012)

Nutzen Sie die nachfolgende Checkliste, um zu reflektieren, wie achtsam Sie bei der Regulation negativer Emotionen sind.

		eher ja	eher nein
1.	Meine Emotionen nehme ich bewusst wahr.	□	□
2.	Negative Emotionen unterdrücke ich nicht.	□	□
3.	Ich versuche nicht, negative Emotionen zu vermeiden.	□	□
4.	Ich merke, wie sich meine Emotionen im Körper anfühlen.	□	□
5.	Wie sich verschiedene Emotionen anfühlen, kann ich gut unterscheiden.	□	□
6.	Wenn etwas Unerfreuliches passiert ist, kann ich aufhören, immer wieder daran zu denken.	□	□
7.	Ich identifiziere mich nicht automatisch mit negativen Emotionen, die ich erlebe.	□	□
8.	Wenn etwas bei mir negative Emotionen weckt, kann ich meine Aufmerksamkeit davon ablösen.	□	□
9.	Mir fällt auf, wie sich meine Emotionen verändern, auch wenn ich diese nicht aktiv beeinflusse.	□	□
10.	Meine negativen Emotionen kann ich mit einer gewissen Distanz betrachten.	□	□
11.	Auch aus schwierigen Emotionen kann ich etwas über mich lernen.	□	□
12.	Ich lasse mich von negativen Emotionen nicht zu impulsivem Verhalten verleiten.	□	□

Checkliste: Interpersonale Achtsamkeit (in Anlehnung an die *Interpersonal Mindfulness Scale* von Pratscher et al., 2019)

Nutzen Sie die nachfolgende Checkliste, um zu reflektieren, wie achtsam Sie in der Interaktion mit anderen Menschen sind.

Wenn ich mit einer anderen Person spreche, dann ...		eher ja	eher nein
1.	höre ich ihr aufmerksam zu.	☐	☐
2.	lasse ich mich nicht leicht ablenken.	☐	☐
3.	denke ich nicht gleichzeitig an andere Dinge.	☐	☐
4.	nehme ich nonverbale Signale der anderen Person wahr.	☐	☐
5.	bemerke ich, welche Gefühle die andere Person erlebt.	☐	☐
6.	bin ich mir meiner eigenen Gefühle bewusst.	☐	☐
7.	merke ich, wie sich meine Gefühle auf mein Verhalten auswirken.	☐	☐
8.	höre ich ihr zu, ohne sie zu beurteilen.	☐	☐
9.	kann ich akzeptieren, dass sie Dinge anders sieht.	☐	☐
10.	folge ich ihrer Ausführung aufmerksam, auch wenn ich anderer Meinung bin.	☐	☐
11.	mache ich mir zunächst klar, was ich eigentlich beabsichtige, bevor ich etwas sage.	☐	☐
12.	lasse ich mich nicht von meinen Gefühlen mitreißen, etwas Unpassendes zu sagen.	☐	☐
13.	mache ich mir klar, wie das, was ich sagen möchte, auf die andere Person wirkt.	☐	☐

Die Aussagen sind folgenden Dimensionen zugeordnet: 1–3 *(Präsenz)*, 4–7 *(Gewahrsein von Selbst und anderen)*, 8–10 *(Nicht wertende Akzeptanz)*, 11–13 *(Nicht-Reaktivität)*.

Checkliste: Achtsam Entscheidungen treffen (in Anlehnung an Karelaia & Reb, 2015)

Nutzen Sie die nachfolgende Checkliste, um zu reflektieren, wie achtsam Sie beim Treffen von Entscheidungen sind.

		eher ja	eher nein
1.	Ich erkenne, wenn es Chancen oder Probleme gibt, die eine Entscheidung von mir fordern.	☐	☐
2.	Um passende Entscheidungsoptionen zu entwickeln, analysiere ich die Situation sorgfältig.	☐	☐
3.	Wenn ich Entscheidungsoptionen entwickle, bin ich mir meiner Werte und Ziele bewusst.	☐	☐
4.	Ich kann verschiedene Entscheidungen gut priorisieren und mich auf das konzentrieren, was im Moment zählt.	☐	☐
5.	Mir sind ethische Aspekte bei zu treffenden Entscheidungen bewusst.	☐	☐
6.	Beim Entscheiden berücksichtige ich die Interessen und Bedürfnisse anderer Personen.	☐	☐
7.	Ich suche auch gezielt nach Informationen, die meine bevorzugte Entscheidungsoption infrage stellen könnten.	☐	☐
8.	Wenn ich etwas entscheide, bin ich mir der Grenzen meines Wissens und meiner Fähigkeiten bewusst.	☐	☐
9.	Mit Unsicherheit verbundene negative Gefühle verhindern nicht, dass ich eine Entscheidung treffe.	☐	☐

		eher ja	eher nein
10.	Ich weiß, wann ich meiner Intuition trauen kann, und wo deren Grenzen liegen.	□	□
11.	Nach einer Entscheidung suche ich aktiv Feedback von anderen.	□	□
12.	Bei Fehlentscheidungen vermeide ich es, die Ursachen vor allem bei anderen oder externen Faktoren zu suchen.	□	□
13.	Ich fühle mich von Fehlern nicht persönlich im Selbstwert bedroht, da diese beim Entscheiden immer wieder vorkommen werden.	□	□

Reflexionsfragen: Negative Emotionen in Veränderungsprozessen (in Anlehnung an Eismann & Lammers, 2017, S. 87)

Erinnern Sie sich an ein Change-Projekt. Das kann ein Projekt sein, in dem Sie selbst ein Change Leader waren oder das Sie einfach nur betroffen hat. Erinnern Sie sich an negative Emotionen, die Sie in diesem Zusammenhang erlebt haben. Reflektieren Sie die nachfolgenden Fragen einzeln für jede Emotion.

Welche negative Emotion haben Sie im Kontext des Change-Projekts erlebt? Was war der Auslöser der Emotion?

____

____

____

____

____

Von welchen Gedanken war die negative Emotion begleitet? Folgten die Gedanken der Emotion oder gingen sie ihr voraus?

____

____

____

____

____

Was sagt Ihnen die negative Emotion, welches Ihrer Bedürfnisse in der Situation möglicherweise nicht erfüllt oder verletzt wurde?

____

____

____

____

____

Welcher Handlungsimpuls ging mit der Emotion einher? Wie haben Sie sich dann konkret verhalten?

____

____

____

____

____

Welche Konsequenzen hatte Ihr Verhalten? Hat sich die Emotion verändert? Kam eine neue Emotion hinzu? Wie haben andere auf Ihr Verhalten reagiert?

____

____

____

____

____

3 Change klug organisieren

Inwieweit der Wandel gelingt, hängt auch stark davon ab, ob dieser umsichtig organisiert wird. Wir schauen uns daher an, welche Phasen er üblicherweise durchläuft, wie man Bereitschaft für das Neue wecken kann und was beim Steuern und Institutionalisieren der Veränderungen zu beachten ist. Dann klären wir die Rolle von Change-Charakteristika wie Häufigkeit, Umfang oder Valenz. Außerdem gehen wir darauf ein, wie Change Leader Planungsfehler vermeiden können.

3.1 Phasen des Change berücksichtigen

Jede Veränderung durchläuft verschiedene Phasen, in denen transformierende Kräfte gestärkt und hemmende Kräfte abgeschwächt werden sollten (vgl. Cummings & Worley, 2008; Lewin, 1947; siehe die Beispiele weiter unten). Schauen wir uns die Phasen und ihre spezifischen Herausforderungen an.

Auftauen (unfreeze). Wandel beginnt damit, die Veränderungsbereitschaft von Menschen zu wecken, indem man bestehende Probleme aufzeigt und motivierende Ziele formuliert. Außerdem ist es wichtig, einen Masterplan mit zentralen Phasen und Meilensteinen des Wandels zu entwickeln und zu kommunizieren. Schließlich sollte man die notwendige Projektorganisation etablieren, um in der nächsten Phase wirksam arbeiten zu können.

Bewegen (move). In dieser Phase wird der vom Change betroffene Bereich vom „alten“ in den „neuen“ Zustand bewegt. Dies kann ein Team, eine Abteilung oder die gesamte Organisation sein. Hierzu wird der Masterplan durch spezifische Projektpläne konkretisiert. Auf dieser Basis werden Lösungen entwickelt, umgesetzt und begleitend evaluiert. So kann es sein, dass man einen Arbeitsprozess entwirft, implementiert und evaluiert, gleichzeitig eine hierfür benötigte Software installiert, und schließlich die Menschen durch ein Training auf die veränderten Anforderungen vorbereitet.

Einfrieren (refreeze). Hier geht es darum, den neuen Zustand zu stabilisieren: Das Erreichte soll gesichert werden. Man möchte vermeiden, dass abgelöste Routinen und Gewohnheiten nach einer Weile erneut das Arbeitshandeln bestimmen. Dann würde das veränderte System in alte Zustände zurückfallen. Je besser jedoch die Werte, Präferenzen und Kompetenzen von Menschen zum Wandel passen, desto eher werden diese im Sinne der Veränderungen handeln und entscheiden. Die Personalführung kann das Einfrieren daher maßgeblich unterstützen. Hilfreich ist es auch, sichtbar zu machen, was der Wandel verbessert hat, und hierbei an die anfänglich identifizierten Probleme und formulierten Ziele anzuknüpfen.

Beispiele für hemmende und transformierende Kräfte (vgl. Stegmaier, 2016)

Im Wandel wirkende Kräfte können das Individuum, die Gruppe oder die gesamte Organisation betreffen. Schauen wir uns zunächst *hemmende Kräfte* an:

- Eine Person befürchtet, dass sich ihr Status in der Organisation durch den Wandel verschlechtert.
- Normen in einer Gruppe stehen im Widerspruch zu den Zielen des Change.
- Die bürokratische Kultur des Unternehmens erschwert Anpassungen.

Transformierende Kräfte hingegen wären:

- Eine Person erwartet, dass ihre Arbeit nach dem Wandel abwechslungsreicher und interessanter sein wird.
- Eine Gruppe begrüßt es, dass sie durch den Wandel mehr Verantwortung übertragen bekommt, die eigene Arbeit zu steuern.
- Das Unternehmen hat in der Vergangenheit Wandel erfolgreich umgesetzt.

3.2 Veränderungsbereitschaft fördern

In der Phase des Auftauens will man die Veränderungsbereitschaft der vom Change betroffenen Menschen fördern. Diese hängt davon ab, ob sie den Wandel als erforderlich betrachten *(Veränderungsnotwendigkeit)* und sich selbst bzw. der Organisation zutrauen *(Veränderungsfähigkeit)*, diesen erfolgreich umzusetzen (vgl. Gebert, 2002). Diese beiden transformierenden Kräfte sollte man stärken. Zunächst müssen Change Leader also deutlich machen, warum die Veränderungen notwendig sind. Dabei hilft es, gemeinsam mit den Betroffenen Probleme in der aktuellen Situation herauszuarbeiten und zu überlegen, wie ein besserer Zustand aussehen könnte. Sieht man den *Kontrast* zwischen gegenwärtigen Schwierigkeiten und einer attraktiven Vision, wird der Nutzen des Wandels deutlicher erkennbar.

Merkmale einer überzeugenden Vision (vgl. Cohen, 2005, S. 71 ff.)

- *Zukunftsorientiert:* Die Vision zeichnet ein anschauliches Bild, wie die Zukunft aussehen kann.
- *Wünschenswert:* Sie passt gut zu den langfristigen Interessen möglichst vieler Interessengruppen innerhalb der Organisation.
- *Realistisch:* Was man sich vorgenommen hat, ist auch tatsächlich erreichbar.
- *Fokussiert:* Die Vision konzentriert sich auf wenige ausgewählte Ziele und Themen.
- *Flexibel:* Sie gibt Orientierung, lässt jedoch den Einzelnen die notwendigen Spielräume.
- *Vermittelbar:* Die Vision wird von allen verstanden und weckt positive Emotionen.

Schauen wir uns als Nächstes an, wovon es abhängt, wie man die *persönliche Veränderungsfähigkeit* bewertet. Eine Person wird sich den Wandel eher zutrauen, wenn sie sicher ist, dass sie hierbei angemessen unterstützt wird. Je klarer man also bereits in der Phase des Auftauens aufzeigt, welche Formen der Unterstützung im Veränderungsprozess angeboten werden, desto eher werden Menschen sich als veränderungsfähig sehen.

Unterstützung der persönlichen Veränderungsfähigkeit

Hilfreich sind hier beispielsweise Trainingsangebote oder besonders qualifizierte Personen, an die man sich bei Fragen oder Problemen wenden kann. Dies können Multiplikatorinnen bzw. Multiplikatoren in der eigenen Abteilung sein oder Personen, die bei einer Support-Hotline arbeiten. Manchmal genügt es auch schon, wenn man Checklisten, Arbeitsanweisungen oder ein gut funktionierendes Hilfesystem nutzen kann, um selbst Fragen zu klären und Lösungen zu finden. Schließlich können Change Leader auch auf bewährte Interventionen zurückgreifen, um Menschen bei der Verhaltensänderung zu unterstützen.

Kommen wir noch zu einigen Punkten, die die wahrgenommene *Veränderungsfähigkeit der Organisation* steigern. Jemand wird eher davon überzeugt sein, dass die Organisation den Wandel bewältigen kann, wenn Change Leader erfahren sind und weitere Expertinnen und Experten der Organisationsentwicklung den Prozess begleiten. In kleineren Organisationen ohne eigene Organisationsentwicklung kann auch eine externe Beratung diese Expertise einbringen. Günstig ist auch, wenn ausreichend Ressourcen für den Wandel verfügbar sind und nicht zu viele Projekte gleichzeitig initiiert werden. Schließlich sollte man die Erfahrungen aus vergangenen Projekten auswerten und offen kommunizieren, welche Schlüsse man hieraus für zukünftige Vorhaben zieht. Dies ist vor allem ratsam, wenn zurückliegende Projekte schlecht gelaufen sind, ihre Ziele nicht erreicht haben oder möglicherweise sogar frühzeitig abgebrochen wurden. Allerdings setzt das voraus, offen mit Fehlern umzugehen und hierfür Verantwortung zu übernehmen, statt Misserfolge schönzureden und sich hinter selbst errichteten Rationalitätsfassaden zu verstecken. Versäumt man dies, können die schlechten Erfahrungen als hemmende Kräfte den nächsten Change erschweren.

3.3 Veränderungen richtig steuern

Veränderungsprozesse sind anspruchsvolle Vorhaben, die sich in der Regel über längere Zeit erstrecken, zahlreiche Bereiche einer Organisation betreffen und mit vielfältigen Risiken und Unsicherheiten behaftet sind. Angesichts dieser Herausforderungen ist eine professionelle Steuerung des Wandels unerlässlich. Schauen wir uns an, wo man hier ansetzen kann (vgl. Stegmaier, 2016).

Veränderungen als Projekte umsetzen. Sobald der Wandel eine gewisse Komplexität erreicht, ist es sinnvoll, diesen als Projekt mit klar definierten Zielen umzusetzen. Man sollte sich also darüber klar werden, was genau durch die Veränderungen erreicht werden soll. Hiervon ausgehend lassen sich dann Meilensteine, Arbeitsaufträge, Verantwortlichkeiten, zeitlicher Verlauf und Ressourcenbedarf des Projekts festlegen.

Projektorganisation aufbauen. Durch die Projektorganisation werden Verantwortlichkeiten im Change geklärt, Kommunikationswege bzw. Informationsflüsse etabliert und Entscheidungsprozesse strukturiert. Folgende Einheiten gehören zu einer typischen Projektorganisation:

- *Projektteam.* Das Projektteam bearbeitet die konkreten Aufgaben im Change. Wer das Projektteam zusammenstellt, sollte darauf achten, welche Kompetenzen und Erfahrungen für die Projektarbeit benötigt werden und geeignete Personen auswählen. Bei größeren Projekten kann es selbstverständlich mehrere Projektteams geben.
- *Projektleitung.* Die Projektleitung verantwortet und steuert das Projekt, repräsentiert es nach außen und führt das Projektteam. Sie ist auch die zentrale Schnittstelle zum Steuerungskreis. Gibt es mehrere Projekte, treffen sich die Projektleitungen üblicherweise regelmäßig, um sich abzustimmen.
- *Steuerungskreis.* In diesem Gremium sind unter anderem Personen aus dem mittleren und oberen Management vertreten, die entweder bei der Implementierung des Wandels eine wichtige Rolle spielen oder von dessen Konsequenzen besonders betroffen sind. Der Steuerungskreis entscheidet über zentrale Fragen, die nicht direkt in den Projekten geklärt werden können. Damit das Gremium informierte Entscheidungen treffen kann, berichtet die Projektleitung dort regelmäßig über den Status des Projekts.
- *Beratungskreis.* Dem Beratungskreis gehören Personen der eigenen oder einer anderen Organisation an, die ihre Erfahrungen aus ähnlichen Projekten nutzen, um den Steuerungskreis zu beraten. So lernt man aus den Erfahrungen anderer, kann manche Fehler vermeiden und erhält wertvolles Feedback zu eigenen Plänen und Konzepten.

Risiken des Change rechtzeitig reflektieren. Jeder Wandel ist mit Risiken verbunden, die dessen Fortschritt oder erfolgreichen Abschluss gefährden können. Mit einer Risikoanalyse kann man diese frühzeitig identifizieren, die Wahrscheinlichkeit ihres Eintretens abschätzen, deren Konsequenzen bewerten und Maßnahmen ableiten, um relevante Risiken zu reduzieren und auf diese vorbereitet zu sein. Am besten führt man die Risikoanalyse erstmalig durch, bevor die Veränderungen beginnen, und aktualisiert diese dann immer wieder.

Stakeholder (Interessengruppen) in Wandel einbeziehen. Der Wandel wird besser gelingen, wenn Stakeholder das Vorhaben unterstützen. Stakeholder können einzelne Personen, Gruppen oder Institutionen sein, die den Wandel aufmerksam verfolgen, da dieser ihre Interessen, Bedürfnisse oder Ressourcen betrifft. Mit einer Stakeholder-Analyse findet man heraus, wer die internen oder externen Stakeholder sind, was diese erwarten, wie ihre Einstellung zu den Veränderungen aussieht und wie stark sie das Vorhaben beeinflussen können. Abschließend sollte man überlegen, wie die Stakeholder am besten in den Prozess eingebunden werden können (vgl. Litke, Kunow & Schulz-Wimmer, 2009).

Beispiele für Stakeholder im Change

Stellen wir uns vor, in einem Unternehmen wird eine neue Software für das Controlling eingeführt. Stakeholder des Wandels wären dann unter anderem: die Geschäftsleitung, der IT-Bereich und die Abteilung Controlling. Die Geschäftsleitung hat ein Interesse, dass man mithilfe der neuen Software aussagekräftige Analysen und Berichte erstellen kann, die ihr als Grundlage für strategische Entscheidungen dienen. Der IT-Bereich spielt eine entscheidende Rolle, wenn es um die Entwicklung und spätere Wartung der Software geht. Das Controlling definiert die Anforderungen an die Software und muss letztlich mit der neuen Lösung dauerhaft arbeiten.

Fortschritt des Veränderungsprozesses mit Statusberichten kontrollieren. Üblicherweise erstellt die Projektleitung oder das Projektteam zu folgenden Punkten regelmäßig einen Statusbericht: Projektverlauf, erzielte Ergebnisse, aufgetauchte Probleme, erkannte Risiken, benötigte Ressourcen und vom Steuerungskreis zu treffende Entscheidungen. Häufig nutzt die Projektleitung den Statusbericht, um persönlich im Steuerungskreis über den Fortschritt des Projekts zu berichten.

Reaktionen Change-Betroffener formativ evaluieren. Damit man den Wandel angemessen steuern kann, sollte man wissen, wie die Menschen auf diesen reagieren. Interessant ist beispielweise, was die Menschen über die Veränderungen wissen, wie sie diese bewerten, ob sie das Vorhaben unterstützen wollen und inwieweit sie sich gut vorbereitet fühlen. Methodisch kann man hierfür schriftliche Befragungen, Interviews, Workshops oder Fokusgruppen einsetzen. Sinnvoll ist es, die Daten beispielsweise nach einer Informationsveranstaltung oder einem Training zu erheben. So lassen sich die Wirkungen der Maßnahmen überprüfen. Stellt man dann fest, dass die Menschen immer noch viele Fragen haben oder für sich weiteren Trainingsbedarf sehen, können ergänzende Maßnahmen initiiert werden.

Veränderung in ausgewählten Einheiten pilotieren. Handelt es sich um einen organisationsweiten Change, bietet es sich häufig an, diesen zuerst in einem Pilotbereich zu erproben. Auf diese Weise bleiben unerwartete Fehler, Störungen oder Probleme zunächst auf eine kleinere Einheit begrenzt. Die Erfahrungen aus der Pilotierung lassen sich schließlich nutzen, um gegebenenfalls die Ziele des Wandels zu präzisieren, Lösungen anzupassen und das Projekt in den übrigen Einheiten der Organisation wirksamer umzusetzen.

Beispiel: Wandel in Pilotbereich erproben

Stellen wir uns vor, ein Unternehmen möchte ein neues Büroraumkonzept umsetzen. Es soll keine festen Arbeitsplätze mehr geben, sondern alle können sich je nach Bedarf flexibel einen Arbeitsort wählen: beispielsweise ein Einzelbüro, einen Besprechungsraum oder einen Platz in einem offenen Großraum. Außerdem sind Bereiche zur Entspannung und für den informellen Austausch geplant. Wenn das Unternehmen zahlreiche Standorte hat, kann es hilfreich sein, das neue Konzept zunächst an einem Standort zu erproben.

3.4 Veränderungen institutionalisieren

Bereits Lewin (1947) hat in seinen Phasen des Wandels die besondere Rolle des Einfrierens betont. Es reicht daher nicht aus, ein System von einem Zustand in einen anderen zu überführen, sondern die neuen Prozesse, Routinen und Verhaltensweisen müssen auch so lange beibehalten werden, bis durch neues Auftauen ein weiterer Wandel vorbereitet wird. Unterschiedliche Maßnahmen eignen sich, Veränderungen zu institutionalisieren (vgl. Stegmaier, 2016).

Dokumentation von Strukturen und Prozessen aktualisieren. Organisationen nutzen verschiedene Dokumente, um Strukturen, Prozesse und

Verantwortlichkeiten darzustellen. Denken wir beispielsweise an Stellenbeschreibungen, Organigramme, Prozessmodellierungen oder Organisationshandbücher. Diese Dokumentationen müssen in der Regel nach einer Veränderung aktualisiert werden, damit Menschen dort nachschlagen können, was aktuell von ihnen erwartet wird.

Vorbildrolle übernehmen. Wenn Menschen unsicher sind, was genau von ihnen erwartet wird, achten sie häufig darauf, was Führungspersonen tun. Diese können demnach als Modell wirken und Verhaltensweisen vorleben, die im Einklang mit den Zielen der Veränderung stehen. Je stärker sich Menschen mit einer Führungsperson identifizieren, desto eher werden sie von ihr lernen und das beobachtete Verhalten nachahmen.

Instrumente der Personalführung an Zielen des Change orientieren. Führungspersonen können Veränderungen in ihrem Bereich verankern, indem sie klassische Instrumente der Personalführung einsetzen. Stellen wir uns vor, bei einer Veränderung geht es darum, dass alle in der Organisation zukünftig mehr kreative Leistungen zeigen. Dann könnte die Führungsperson in einem *Zielgespräch* zunächst mit den Geführten Ziele für kreative Leistungen vereinbaren: zum Beispiel zwei Verbesserungsvorschläge pro Jahr. Bei der *formalisierten Leistungsbeurteilung* kann die Führungsperson dann zusätzlich Kriterien bewerten, die kreative Leistungen begünstigen: beispielsweise Lernbereitschaft oder Problemlösefähigkeit. Außerdem sollten *Anreizsysteme* so gestaltet sein, dass sie Menschen motivieren, kreative Leistungen zu erbringen. Wer freut sich nicht über eine Anerkennung oder Belohnung für eine gute Idee. Schließlich gilt es, darauf zu achten, dass Menschen an geeigneten *Trainings* teilnehmen können, in denen Kompetenzen gefördert und Werkzeuge vorgestellt werden, die kreatives Arbeiten unterstützen.

Nutzen des Change überprüfen und Ergebnisse kommunizieren. Jeder Wandel sollte mit nützlichen Zielen verbunden sein. Am Ende eines Veränderungsprozesses ist zu prüfen, inwieweit diese Ziele erreicht wurden. Vielleicht hat man durch die Einführung einer neuen Software folgende Ziele erreicht: beschleunigte Arbeitsprozesse, weniger Fehler, reduzierte Kosten und verminderte Reklamationen. Dann sollte man andere in der Organisation über diese Ergebnisse informieren. Dies wird die Menschen motivieren, auch weiter mit der neuen Software zu arbeiten.

3.5 Auf Change-Charakteristika achten

Wie Menschen Change-Charakteristika bewerten, ist bedeutsam für deren Erleben und Verhalten. Menschen reagieren vor allem auf folgende Merkmale (vgl. Stegmaier, 2016):

- *Häufigkeit von Change.* Hier geht es darum, wie oft jemand von Veränderungen betroffen ist. Je mehr Projekte gleichzeitig stattfinden und je schneller Projekte aufeinanderfolgen, desto stärker wird der Eindruck sein, dass ständig etwas verändert wird.
- *Planung des Change.* Menschen achten darauf, ob der Wandel gut geplant ist und auch wie vorgesehen umgesetzt wird. Nachvollziehbare Projektphasen, aussagekräftige Meilensteine und klare Verantwortlichkeiten erleichtern es den Betroffenen, sich im Veränderungsprozess zurechtzufinden.
- *Umfang des Change.* Menschen schätzen auch ein, wie viel sich ändert und wie umfangreich erforderliche Anpassungen sind. Wird beispielsweise lediglich eine neue Software eingeführt, ist der Umfang des Change geringer, als wenn man gleichzeitig noch Abteilungen zusammenlegt und die Kultur der Organisation verändert.
- *Valenz des Change.* Schließlich geht es auch um die Frage, wie nützlich der Wandel ist. Hier muss man in der Regel verschiedene Perspektiven unterscheiden. So kann eine Person beurteilen, wie nützlich die Veränderungen für sie persönlich sind oder für eine einzelne Abteilung oder die gesamte Organisation.

Valenz des Change

Wer beispielsweise neue interessante Aufgaben bekommt, wird die *persönliche Valenz* der Veränderungen eher hoch einschätzen. Zu einer geringen Einschätzung kommt vielleicht eine Person, die befürchtet, Autonomie oder Ressourcen zu verlieren. Bei der *organisationalen Valenz* kommt es vor allem darauf an, ob der Wandel die Umsetzung der Strategie erleichtert, die Produktivität erhöht oder das Ansehen in der Öffentlichkeit verbessert.

Betrachten wir die Ergebnisse einiger Studien zu den Change-Charakteristika:

- Je häufiger Personen von Veränderungen betroffen sind, desto unsicherer fühlen sie sich. Hingegen schwächt eine gute Planung des Wandels die erlebte Unsicherheit ab. Weniger verunsicherte Menschen sind schließlich zufriedener mit ihrer Arbeit und denken seltener daran, den Job zu wechseln (Rafferty & Griffin, 2006).

- Wer umfangreichen Wandel erfährt, berichtet häufiger von negativen Emotionen. Hierbei spielt es eine Rolle, dass umfangreiche Veränderungen die Arbeitsbelastung erhöhen, Störungen bei der Arbeit hervorrufen, den persönlichen Status gefährden und das Gerechtigkeitsempfinden verletzen. All dies trägt dann zu vermehrten negativen Emotionen bei (Kiefer, 2005).
- Häufiger und umfangreicher Wandel geht auch mit stärkerem affektiven Widerstand einher, sodass Menschen häufiger Ängste, Sorgen oder auch Ärger erleben. Dies reduziert deren Wohlbefinden und trägt außerdem zu Schlafstörungen bei (Rafferty & Jimmieson, 2017).
- Je höher die organisationale Valenz eingeschätzt wird, desto weniger verunsichert sind Menschen, was aus ihrem Job wird. Dies vermindert in der Folge deren emotionale Erschöpfung (Michel, Stegmaier, Meiser & Sonntag, 2009). Außerdem identifizieren sich Menschen stärker mit ihrer Organisation, wenn die Veränderungen die organisationale Wirksamkeit erhöhen oder den persönlichen Status der Betroffenen verbessern (Sung et al., 2017).

3.6 Planungsfalle vermeiden

Menschen unterschätzen regelmäßig, wie lange sie benötigen, um ein Projekt oder eine komplexe Aufgabe abzuschließen. Dies liegt unter anderem daran, dass man sich die einzelnen Schritte eines optimalen Ablaufs sehr konkret vorstellt, aber überwiegend ignoriert, was hierbei alles schiefgehen könnte. Die Unterschätzung der tatsächlichen Dauer entsteht also nicht durch fehlende, sondern zu optimistische Planung (Kahneman, 2012). Daher bezeichnet man diesen Effekt, der auch in Veränderungsprojekten auftreten kann, als *Planungsfalle* oder Planungsfehler. Dass wir aus misslungener Planung jedoch nicht für die Zukunft lernen, liegt auch daran, wie wir vergangene Planungsfehler von uns selbst oder anderen erklären (vgl. Buehler, Griffin & Ross, 2002).

Fangen wir mit uns selbst an. Wenn wir in der Vergangenheit für etwas mehr Zeit benötigt haben, als wir erwartet hatten, machen wir häufig spezifische externe Faktoren hierfür verantwortlich: andere haben etwas zu spät geliefert, das Internet hat nicht funktioniert oder Ähnliches. Jetzt haben wir aber eine ganz andere Situation. Daher erscheinen uns die damaligen Erfahrungen nicht auf die aktuelle Planung übertragbar und wir können diesen Planungsfehler leicht ausblenden. Wir ignorieren aber auch, was wir aus den Erfahrungen anderer lernen könnten. Wie lange jemand an einer Aufgabe oder einem Projekt gearbeitet hat, erklären wir uns vor allem durch Eigenschaften der Person selbst: beispielsweise ihrer Kompetenz, Gewissenhaftigkeit oder Motivation. Da wir teilweise andere Eigenschaften mitbringen, scheinen die Erfahrungen dieser Person für unser aktuelles Projekt ebenfalls keine Aussagekraft zu besitzen. Außerdem fällt es uns schwer vorherzusagen, wie sich beispielsweise unsere Motivation für ein Projekt über die Zeit verändert. Wir gehen vielleicht davon aus, dass das Projekt für uns stets die höchste Dringlichkeit hat und unser schlechtes Gewissen uns immer anspornen wird, Verzögerungen wieder einzuholen. Die Realität dürfte allerdings oft anders aussehen. Unvorhergesehene Herausforderungen fordern unsere Zeit und Energie, sodass wir unsere Prioritäten neu sortieren müssen.

Schauen wir uns zwei Empfehlungen an, wie sich die Planungsfalle vermeiden oder abschwächen lässt.

Planungsfehler vermeiden (nach Buehler et al., 2002; Kahneman, 2012; Werth, 2010)

Außenperspektive einholen. Man sollte sich nicht nur auf die eigene Planung verlassen, sondern Daten sammeln, wie lange ähnliche Vorhaben gedauert haben. Stellt man hierbei fest, dass sich die eigene Schätzung von der Dauer dieser Vorhaben stark unterscheidet, lohnt es sich, die Planung noch einmal zu überprüfen. Entscheidend ist, die Erfahrungen anderer zu nutzen, um die eigene Planung zu verbessern. Diese Außenperspektive kann oft nützlicher sein, als sich in weiteren Details der eigenen Planung zu verlieren (Innenperspektive).

Möglichst konkret planen. Je konkreter die Planung ausfällt, desto eher wird man die Dauer eines Vorhabens realistischer einschätzen. Hierfür kann es hilfreich sein, Aufgaben so lange zu zergliedern, bis man bei Teilaufgaben angekommen ist, die man sich genau vorstellen und zeitlich gut abschätzen kann. Spielt man das Vorgehen möglichst konkret durch, entdeckt man auch leichter mögliche Stolpersteine oder Risikofaktoren und kann hierfür einen Zeitpuffer einplanen.

Fazit

Eine kluge Organisation des Wandels beginnt damit, dass Change Leader dessen verschiedene Phasen, also Auftauen, Bewegen und Einfrieren, berücksichtigen und in diesen jeweils transformierende Kräfte stärken sowie hemmende Kräfte reduzieren. Menschen werden eher veränderungsbereit sein, wenn sie die Veränderungen für notwendig halten und sich sowie der Organisation zutrauen, diese erfolgreich umzusetzen. Damit man die Notwendigkeit sieht, sollte man aktuelle Probleme klar erkennen und sich eine bessere zukünftige Situation vorstellen können. Weiter ist es entscheidend, den Wandel professionell zu steuern und systematisch zu institutionalisieren. Beim Planen kann man darauf achten, dass Veränderungen nicht zu häufig stattfinden und die Menschen durch ihren Umfang nicht überfordern. In der Phase des Einfrierens können Change Leader eine Vorbildrolle übernehmen und Instrumente der Personalführung wie Zielvereinbarungen oder Leistungsbeurteilungen gezielt nutzen. Schließlich wird man die Planungsfalle eher vermeiden, wenn man eine Außenperspektive einholt und Projekte möglichst konkret plant.

Reflexionsübung: Change richtig steuern

Erinnern Sie sich an ein Change-Projekt. Idealerweise denken Sie an ein Projekt, bei dem Sie selbst ein Change Leader waren. Reflektieren Sie für die einzelnen Handlungsfelder der Steuerung des Change, was gut lief und was man hätte besser machen können (vgl. Abschnitt 3.3 „Veränderungen richtig steuern“).

Change wird als Projekt umgesetzt.

Projektorganisation wird aufgebaut.

Risiken des Change werden rechtzeitig reflektiert.

Stakeholder werden in Change einbezogen.

Fortschritt des Change wird mit Statusberichten kontrolliert.

Reaktionen Change-Betroffener werden evaluiert.

Change wird in Pilotbereichen erprobt.

Arbeitsblatt: Risikoanalyse für den Wandel

Denken Sie an ein Change-Projekt. Das kann ein bereits abgeschlossenes oder kommendes Projekt sein. Idealerweise denken Sie an ein Projekt, bei dem Sie selbst ein Change Leader waren oder sein werden. Führen Sie für den Change eine Risikoanalyse durch.

Welche Risiken sind mit dem Change verbunden?

____

____

____

____

____

____

Wie wahrscheinlich sind die verschiedenen Risiken?

____

____

____

____

____

____

Was sind die Konsequenzen, wenn die Risiken eintreten?

____

____

____

____

____

____

Wie kann man die Risiken reduzieren? Was ist zu tun, wenn Ereignisse dennoch eintreten?

____

____

____

____

____

____

Arbeitsblatt: Stakeholder-Analyse für den Wandel

Denken Sie an ein Change-Projekt. Das kann ein bereits abgeschlossenes oder kommendes Projekt sein. Idealerweise denken Sie an ein Projekt, bei dem Sie selbst ein Change Leader waren oder sein werden. Führen Sie für den Change eine Stakeholder-Analyse durch.

Welche internen und externen Stakeholder sind vom Change betroffen?

____

____

____

____

Wie stark ist der Einfluss der verschiedenen Stakeholder auf den Change?

____

____

____

____

Was erwarten die jeweiligen Stakeholder vom Change?

____

____

____

____

Wie kann man die verschiedenen Stakeholder am besten in den Change einbinden?

____

____

____

____

Reflexionsübung: Change institutionalisieren

Erinnern Sie sich an ein Change-Projekt. Idealerweise denken Sie an ein Projekt, bei dem Sie selbst ein Change Leader waren. Reflektieren Sie für die einzelnen Handlungsfelder der Institutionalisierung des Change, was gut lief und was man hätte besser machen können (vgl. Abschnitt 3.4 „Veränderungen institutionalisieren").

Dokumentation von Strukturen und Prozessen wird aktualisiert.

____

____

____

____

Change Leader übernehmen Vorbildrolle.

____

____

____

____

Change wird in Zielvereinbarungen thematisiert.

____

____

____

____

Change wird bei der Leistungsbeurteilung berücksichtigt.

____

____

____

____

Anreizsysteme und Belohnungen unterstützen den Change.

Trainingsangebote sind auf den Change abgestimmt.

Nutzen des Change bzw. Zielerreichung wird überprüft.

Erkenntnisse aus der Evaluation des Change werden in der Organisation kommuniziert.

4 Wertschätzend handeln

Wandel kann Menschen belasten und verunsichern, daher ist es besonders wichtig, dass Change Leader ihnen wertschätzend begegnen. Wir schauen uns zunächst an, wie bedeutsam es ist, Change angemessen zu erklären. Danach wenden wir uns den Prinzipien motivierender Gesprächsführung zu. Als Nächstes wird es darum gehen, wie der Wandel gerecht gestaltet werden kann. Hier wird es nützlich sein, verschiedene Dimensionen der Gerechtigkeit zu unterscheiden. Abschließend wird aufgezeigt, welche Möglichkeiten Change Leader haben, Menschen am Geschehen zu beteiligen.

4.1 Veränderungen angemessen erklären

Change verunsichert und wirft vielfältige Fragen auf. Werden diese nicht angemessen beantwortet, füllen in der Regel Gerüchte die Informationslücke aus. Sorgen, Ängste und Befürchtungen sind ein geeigneter Nährboden für diese kollektiven Deutungsangebote, die über Netzwerke innerhalb einer Organisation geteilt und verbreitet werden (Bordia, Jones, Gallois, Callan & Difonzo, 2006). Allerdings kursieren in der Regel eher Gerüchte mit negativem Inhalt, die den Stress bei Menschen verstärken (Bordia et al., 2006). So wird man beispielsweise bei einer Restrukturierung mit anderen Betroffenen wahrscheinlicher über mögliche Entlassungen als über erfreuliche Gehaltserhöhungen sprechen. Hört man aber wiederholt, dass der eigene Job gefährdet sein könnte, dürfte dies einen mehr verunsichern als beruhigen. So muss man für sich selbst entscheiden, wie sehr man sich für Gerüchte interessiert, und beurteilen, wie glaubwürdig diese sind. Manchmal werden Gerüchte frühzeitig bedeutsame Informationen liefern, häufig aber auch zu grundlosen Sorgen beitragen. Da ist es erfreulich, dass Menschen, die durch Change Leader gut informiert sind, sich weniger für Gerüchte interessieren und in der Folge nicht so stark verunsichert werden (Smet, Elst, Griep & De Witte, 2016). Allerdings ist es entscheidend, frühzeitig zu informieren. Sind Menschen erst einmal verunsichert, überzeugt sie die Qualität der Informationen über den Wandel weniger, was sie dann zukünftig wieder offener für Gerüchte werden lässt.

Professionell zu informieren und die Veränderungen gut zu erklären, hat vielfältige positive Konsequenzen. Menschen erleben den Prozess des Wandels sowie dessen Ergebnisse eher als gerecht (Daly, 1995; Kernan & Hanges, 2002). Sie sind außerdem von den Entwicklungen weniger verunsichert und gestresst (Bordia et al., 2004; Schweiger & Denisi, 1991). Schließlich übernehmen Menschen auch mehr persönliche Verantwortung im Veränderungsprozess, wenn sie hierüber angemessen informiert werden (Fuller, Marler & Hester, 2006). Kurz zusammengefasst, gibt es einige Punkte, die man beachten sollte, wenn man andere über Veränderungen informiert:

Im Wandel professionell informieren (vgl. Stegmaier, 2016)

- *Rechtzeitig:* Menschen wollen rechtzeitig informiert werden, damit sie sich auf Entwicklungen einstellen und vorbereiten können.
- *Phasenspezifisch:* In jeder Phase des Wandels stehen spezifische Fragen im Vordergrund. Beim Auftauen sollte man erklären, warum der Wandel notwendig ist, welche Vision das Vorhaben motiviert und wie der grobe Zeitplan aussieht. In der Phase des Bewegens interessiert die Menschen, wie sich die Veränderungen konkret in ihrem Bereich auswirken, was die nächsten Schritte sind und welche ersten Erfolge erzielt wurden. Schließlich bietet die Phase des Einfrierens die Chance, Anstrengungen zu würdigen, positive Konsequenzen darzustellen und Lernerfahrungen mit anderen zu teilen.
- *Konsistent:* Die Informationen und Erklärungen sollten konsistent sein. Erfährt man Widersprüchliches aus verschiedenen Quellen, reagiert man verunsichert.
- *Bedarfsgerecht:* Es ist entscheidend, bedarfsgerecht zu informieren. Dies bedeutet, dass man auf die konkreten Fragen und spezifischen Bedürfnisse der Betroffenen eingeht.
- *Adäquat:* Das Kommunikationsmedium sollte zum Inhalt passen. Ein sensibles oder belastendes Thema lässt sich meist in einem persönlichen Gespräch angemessener behandeln als per Mail.
- *Verständlich:* Erklärungen müssen verständlich sein, damit man sicher sein kann, dass die gesendeten Botschaften auch richtig ankommen.
- *Glaubwürdig:* Auch über Probleme und Rückschläge im Wandel sollte man sprechen; nur so bleiben die Erklärungen glaubwürdig.

Kommunikationsplan nutzen

Ein Kommunikationsplan ist ein hilfreiches Instrument, um in einem komplexen Veränderungsprozess die vielfältigen Maßnahmen der Kommunikation zu planen und zu steuern (vgl. Stegmaier, 2016). In einem solchen Plan werden alle Maßnahmen der Kommunikation nach folgender Struktur beschrieben:

- *Sendende Stelle.* Hier wird festgelegt, von wem die Botschaft kommt. Dies kann eine konkrete Person sein, eine Gruppe oder auch eine organisationale Einheit.
- *Empfangende Stelle.* An dieser Stelle führt man auf, an wen die Kommunikation gerichtet ist. Es ist sinnvoll, verschiedene Zielgruppen zu definieren, die ähnlich vom Change betroffen sind. Diese sollten dann jeweils bedarfsorientiert informiert werden. Nicht empfehlenswert ist es, einfach jede Maßnahme unabhängig von ihrer Relevanz an alle zu richten, da dann die Gefahr der Überlastung durch zu viele Informationen droht und für einen persönlich relevante Details schnell übersehen werden.
- *Medium.* Hier muss man auswählen, über welches Medium die Botschaft gesendet wird. Typische Medien sind beispielsweise Einzelgespräch, Teamsitzung, Versammlung, Telefon, Videokonferenz, Chat, Podcast, E-Mail, Intranet, Aushang, Flyer oder Zeitung. Das Medium sollte zum Inhalt der Kommunikation passen, in der Organisation als glaubwürdig gelten und von den Menschen auch tatsächlich genutzt werden.
- *Botschaft.* An dieser Stelle hält man fest, welche konkreten Inhalte mitgeteilt werden sollen. Diese ergeben sich letztlich aus dem, was im Veränderungsprozess geschieht. So kann man Menschen zur Beteiligung einladen, über erzielte Ergebnisse berichten oder die nächsten Schritte ankündigen.
- *Wirkung.* Hier wird beschrieben, was genau durch die Maßnahme erreicht werden soll: Geht es beispielsweise darum, dass Personen den Change lediglich verstehen und akzeptieren oder dass sie ihn engagiert unterstützen und auch andere hierfür begeistern? Man muss jeweils realistisch prüfen, ob die geplante Maßnahme die gewünschte Wirkung erzielen kann.
- *Zeitpunkt.* Zudem wird festgelegt, wann die Maßnahme stattfindet. Die Termine leiten sich vor allem aus den Meilensteinen der Projektplanung ab. Die Maßnahme kann zeitlich vor einem Meilenstein liegen oder danach. Entsprechend kann man etwas ankündigen bzw. auf etwas vorbereiten oder über etwas berichten, das bereits stattgefunden hat.

Beispiel einer Kommunikationsmaßnahme

Stellen wir uns vor, ein Unternehmen mit zahlreichen Hierarchieebenen möchte seine Organisationsstruktur flacher gestalten, neue Abteilungen schaffen und vorhandene Abteilungen zusammenlegen. Dann wäre folgende Kommunikationsmaßnahme in der Phase des Auftauens denkbar:

- *Sendende Stelle:* Geschäftsleitung
- *Empfangende Stelle:* alle Mitarbeitenden an einem Standort
- *Medium:* Versammlung aller Mitarbeitenden; Vortrag der Geschäftsleitung
- *Botschaft:* Notwendigkeit des Change; grober Zeitplan des Wandels
- *Wirkung:* Verständnis für den Change
- *Zeitpunkt:* ein Monat vor Beginn erster Projektarbeiten.

4.2 Prinzipien motivierender Gesprächsführung nutzen

Die Grundidee der motivierenden Gesprächsführung ist es, Menschen dabei zu unterstützen, ihre Ambivalenzen hinsichtlich einer Veränderung zu erkennen, zu reflektieren und schrittweise aufzulösen (Berman, Beckman & Lindqvist, 2020). Wenn eine Person darüber nachdenkt, ob sie ihr Verhalten ändern möchte, fallen ihr wahrscheinlich Vor- und Nachteile ein, die mit dieser Entscheidung verbunden wären. So kann schnell ein Zustand von *Ambivalenz* entstehen. Man ist letztlich hin- und hergerissen: Soll man sich ändern oder nicht? Allerdings braucht man manchmal zunächst einen Anstoß durch andere, damit man sich die verschiedenen Konsequenzen einer Veränderung überhaupt klar macht.

Die motivierende Gesprächsführung orientiert sich unter anderem an folgenden Prinzipien (vgl. Fuller & Taylor, 2015).

Wunsch nach Veränderung fördern (Diskrepanzen entwickeln). Im Gespräch will man die andere Person dabei unterstützen, ihre eigenen Gründe für die Änderung des Verhaltens zu finden. Oftmals kann es hilfreich sein, wenn jemand Diskrepanzen zwischen dem bisherigen Verhalten und den persönlichen Werten, Überzeugungen oder Zielen erkennt. Die so erlebte Spannung kann einen motivieren, etwas zu verändern, um diese Widersprüche aufzulösen. Aber auch ein Blick auf die positiven Konsequenzen eines neuen Verhaltens oder die „Kosten" der aktuellen Situation kann die Veränderung attraktiver erscheinen lassen.

Widerstand umlenken. Erleben Menschen Ambivalenzen, wenn sie an eine Veränderung denken, kann dies Widerstand hervorrufen, den Druck von außen häufig zusätzlich verstärkt. Man sollte daher einer Person im Gespräch Raum geben, ihre Gründe zu erläutern, warum sie ihr Verhalten nicht ändern möchte, und dann langsam erkunden, was andererseits auch für eine Veränderung sprechen könnte. So kann man schrittweise die Ambivalenzen untersuchen, ohne dass die Person den Zwang empfindet, sich rechtfertigen zu müssen.

Eigenverantwortung und Selbstwirksamkeit stärken. Im Gespräch ermutigt man die Person, Verantwortung für die Änderung des eigenen Verhaltens zu übernehmen. Dies wird sie dann eher tun, wenn sie sich als handlungsfähig erlebt und sich zutraut, auftretende Schwierigkeiten auch bewältigen zu können. Im Gespräch sollte man daher die Person auf ihre Ressourcen und Stärken aufmerksam machen, an vergangene erfolgreiche Problemlösungen erinnern und sie ermutigen, Teilziele zu formulieren und schrittweise vorzugehen. All dies fördert die Selbstwirksamkeit.

Auf fünf Fertigkeiten kommt es bei der motivierenden Gesprächsführung besonders an (vgl. Fuller & Taylor, 2015):

- *Bestätigen.* Im Gespräch kann man der anderen Person zeigen, dass man sie ernst nimmt, wertschätzt und ihre Überzeugungen respektiert. Wenn sich eine Person gehört und in ihrer Individualität gesehen fühlt, kann sie leichter Selbstvertrauen entwickeln.
- *Zuhören.* Wer richtig zuhört, möchte eine andere Person wirklich verstehen. So erfährt man etwas von den Werten, Zielen, Bedürfnissen, Überzeugungen oder Hoffnungen anderer Menschen. Je besser das Zuhören gelingt, desto wirksamer kann man die andere Person dabei unterstützen, ihre persönlichen Diskrepanzen zu entdecken. Dies können Widersprüche sein in dem, was jemand sagt, oder Spannungen zwischen dem, was einem eigentlich wichtig ist, und wie man sich tatsächlich verhält.
- *Offene Fragen stellen.* Stellt man eine offene Frage (z.B. „Wie kam es dazu?" oder „Warum ist das passiert?"), lädt dies dazu ein, ausführli-

cher über etwas zu berichten. So erfährt man oft nützliche Details, die sonst vielleicht unerwähnt geblieben wären. Allerdings ist es empfehlenswert, die offenen Fragen mit anderen Techniken der Gesprächsführung wie dem Zusammenfassen zu verbinden, damit die andere Person sich nicht ausgefragt fühlt. Offene Fragen werden häufig auch als Aufforderung zum Erzählen formuliert: „Erzählen Sie mir ..." oder „Erklären Sie mir ...".

- *Zusammenfassen.* Fasst man zusammen, was jemand sagt, kann dies die Selbstklarheit der anderen Person fördern. Hört eine Person ihre Aussagen noch einmal in anderen Worten, versteht sie möglicherweise selbst noch besser, was sie eigentlich gemeint hat. Oder sie kann die Zusammenfassung nutzen, um hieran anknüpfend bestimmte Punkte zu vertiefen, zu ergänzen bzw. zu korrigieren. So lassen sich Missverständnisse im Gespräch vermeiden. Schließlich kann man der anderen Person auch rückmelden, welche nonverbalen Signale (z.B. angespannte Körperhaltung) oder paraverbalen Aspekte (z.B. lautes Sprechen) einem im Gespräch aufgefallen sind. Diese Eindrücke bilden für die Interpretation des Gesagten einen hilfreichen Kontext.
- *Selbstmotivierende Aussagen (Change Talk) fördern.* An Aussagen des Change Talk erkennt man, dass eine Person sich mit der Änderung ihres Verhaltens befasst. Im Gespräch sollte man auf derartige Aussagen achten, sie aufgreifen und Inhalte weiter vertiefen. Change Talk hat einen selbstmotivierenden Charakter und kann die Veränderung aus verschiedenen Perspektiven thematisieren.

Beispiele für Change Talk (nach Berman et al., 2020)

- *Wunsch:* „Ich möchte das ändern ..."
- *Gründe:* „Für die Veränderung spricht ..."
- *Fähigkeit:* „Ich kann das ändern ..."
- *Bereitschaft:* „Ich bin jetzt bereit ..."
- *Erste Schritte:* „Ich habe bereits angefangen ..."

In einer Studie wurde die Wirksamkeit der motivierenden Gesprächsführung in einem organisationalen Veränderungsprozess untersucht (Grimolizzi-Jensen, 2018). Durch den Wandel veränderten sich unter anderem Arbeitsaufgaben und Arbeitsanforderungen. Drei Wochen lang nahmen Change-Betroffene der *Interventionsgruppe* dreimal wöchentlich an 25-minütigen Einzelgesprächen teil, die nach den Prinzipien motivierender Gesprächsführung gestaltet waren. In diesen Gesprächen konnten sie über die Ambivalenzen sprechen, die der Wandel in ihnen hervorrief, diese schrittweise auflösen und so ihre persönlichen Gründe für eine Verhaltensänderung entwickeln. Personen aus der *Kontrollgruppe* wurden diese Gespräche nicht angeboten. Bei beiden Gruppen ermittelte man zu Beginn und nach Ablauf der drei Wochen, wie bereit die Personen für die Veränderungen waren und wie stark sie Ambivalenzen erlebten. Bei den Personen der Interventionsgruppe nahm die Bereitschaft für den Wandel zu und die Ambivalenzen wurden schwächer. In der Kontrollgruppe gab es keine vergleichbaren Effekte. Somit erwies sich die motivierende Gesprächsführung als eine effektive Methode in einem organisationalen Veränderungsprozess.

Stufen der Veränderung menschlichen Verhaltens (nach DiClemente & Graydon, 2020; Fuller & Taylor, 2015)

Die Veränderung menschlichen Verhaltens verläuft über mehrere Stufen:

- *Präkontemplation.* Auf dieser Stufe sieht man selbst die Probleme oder Risiken nicht, die mit dem aktuellen Verhalten und der gegenwärtigen Situation verbunden sind. Entsprechend denkt man nicht daran, sich zu verändern.
- *Kontemplation.* Hier wägt man ab, was dafür und dagegen spricht, das bisherige Verhalten beizubehalten oder zu ändern. Nachdem man die Chancen des neuen Verhaltens klarer erkennt, spielt man zunächst vorsichtig mit dem Gedanken, sich zu verändern, und entscheidet sich schließlich tatsächlich für die Veränderung.
- *Vorbereitung.* Auf dieser Stufe empfindet man ein starkes Commitment gegenüber der Verhaltensänderung und bereitet diese vor, indem man einen Plan mit konkreten Schritten aufstellt und vorausschauend überlegt, wie sich etwaige Barrieren überwinden lassen.
- *Handlung.* Hier wird der Plan konkret umgesetzt und das Verhalten schrittweise geändert. Treten Probleme auf, versucht man, diese zu lösen, und passt gegebenenfalls den Plan an. Gelegentlich wird man noch das „alte" Verhalten zeigen.
- *Aufrechterhaltung.* Das geänderte Verhalten wird immer besser mit anderen Gewohnheiten verknüpft und somit stabilisiert. Über verschiedene Situationen hinweg gelingt es, konsistent das neue Verhalten zu zeigen. Man entwickelt außerdem Strategien, wie man vermeiden kann, erneut alte Verhaltensweisen einzusetzen.

- *Rückfall.* Greift man doch wieder auf alte Verhaltensweisen zurück, dann hilft es, sich nochmals klarzumachen, warum man sich letztlich dafür entschieden hatte, das Verhalten zu ändern. Oder man lernt aus der Erfahrung und findet heraus, was das alte Verhalten erneut ausgelöst hat, und berücksichtigt dies zukünftig.

4.3 Change-Prozess gerecht gestalten

Wie Menschen auf Change reagieren, wird auch davon beeinflusst, ob sie diesen als gerecht erleben. Es hat sich bewährt, vier Dimensionen der Gerechtigkeit zu unterscheiden (vgl. Colquitt, Conlon, Wesson, Porter & Ng, 2001; Klendauer, Streicher, Jonas & Frey, 2006; Stegmaier, 2016). Jede Dimension hat einen spezifischen Fokus. Menschen bewerten Ergebnisse (*distributive* Gerechtigkeit), Prozesse und Verfahren (*prozedurale* Gerechtigkeit), Interaktionen (*interpersonale* Gerechtigkeit) sowie die Qualität der Kommunikation (*informationale* Gerechtigkeit).

Distributive Gerechtigkeit. Wenn Menschen bewerten, ob Ergebnisse gerecht verteilt sind, achten sie vor allem auf zwei Dinge. Erstens schauen sie sich genau an, ob die Organisation ihre Leistungen und ihren Einsatz im Change genauso anerkennt und belohnt wie die Anstrengungen von Kolleginnen und Kollegen. Zweitens achten sie darauf, ob Belastungen und Vorteile des Wandels über verschiedene Bereiche ausgewogen verteilt sind. Werden beispielsweise in einem Bereich Gehälter gekürzt und Arbeitszeiten verlängert, während man gleichzeitig an anderer Stelle hohe Prämien ausschüttet, dürfte dies das Gerechtigkeitsempfinden deutlich verletzen. Ebenso wird man an der distributiven Gerechtigkeit zweifeln, wenn man selbst ständig zusätzliche Projektaufgaben erhält, wohingegen andere im Team sich allein auf ihr Tagesgeschäft konzentrieren können.

Prozedurale Gerechtigkeit. Verschiedene Kriterien spielen eine Rolle, ob Vorgehensweisen und Verfahren als prozedural gerecht bewertet werden (Leventhal, 1980). Zunächst sollten Regeln, die Prozesse und Entscheidungen im Wandel strukturieren, nicht im Widerspruch stehen zu moralischen und ethischen Werten *(Ethik)*. Diese Regeln müssen bekannt sein

(Transparenz) und immer in gleicher Weise angewendet werden *(Konsistenz)*. Change Leader sollten darüber hinaus vorurteilsfrei und uneigennützig entscheiden *(Neutralität)* und die Interessen unterschiedlicher Gruppen berücksichtigen *(Repräsentativität)*. Außerdem erwartet man von ihnen, sich vor einer Entscheidung genau zu informieren *(Genauigkeit)* und diese auch zu korrigieren, sollte sie fehlerhaft gewesen sein *(Korrigierbarkeit)*.

Interpersonale Gerechtigkeit. Bei dieser Dimension ist entscheidend, wie andere Menschen mit einem umgehen. Denken wir beispielsweise an eine Teambesprechung in einem Veränderungsprojekt. Eine Person wird sich interpersonal gerecht behandelt fühlen, wenn andere ihr in dieser Situation höflich, korrekt, respektvoll sowie wertschätzend begegnen und sie ihre Bedürfnisse ernst nehmen. Hören andere einem nicht zu, übergehen sie einfach, was man gesagt hat, lassen sie einen nicht aussprechen oder wird man von ihnen unsachlich vor Dritten kritisiert, schadet all dies dem Empfinden interpersonaler Gerechtigkeit.

Informationale Gerechtigkeit. Wer von Veränderungen betroffen ist, will verstehen, was all dies für einen selbst bedeutet. Menschen wollen beispielsweise wissen, was sich an ihren Aufgaben, den Arbeitszeiten, persönlichen Karrierechancen oder ihrer Vergütung ändert. Daher sind Change Leader gefordert, den Wandel zu erklären und andere hierüber angemessen zu informieren. Auch Herausforderungen und Rückschläge sollten offen angesprochen werden, damit die Kommunikation glaubwürdig bleibt. Erhält man rechtzeitig verständliche Informationen, die persönliche Fragen zum Wandel beantworten, kann man sich besser auf diesen einstellen.

Change Leader können durch geeignete Maßnahmen die erlebte Gerechtigkeit fördern (Kernan & Hanges, 2002). Wer erlebt, dass Change-Betroffene angemessen unterstützt und informiert werden, bewertet den Wandel als interpersonal gerechter. Bestehen außerdem ausreichend Möglichkeiten, sich zu beteiligen, werden die prozedurale Gerechtigkeit und in der Folge auch das Vertrauen in das Management höher eingeschätzt. Außerdem akzeptieren Personen eine Veränderung eher, wenn sie das Vorgehen als prozedural gerecht wahrnehmen (Paterson & Cary, 2002).

Prozedurale Gerechtigkeit in schwierigen Gesprächen

Ist ein Change mit Personalabbau verbunden, müssen Führungspersonen Betroffene in einem Gespräch über ihre Entlassung und mögliche nächste Schritte informieren. Dies sind schwierige und belastende Gespräche. In einer Studie wurde untersucht, wie sich ein Training zum Führen derartiger Gespräche auf die Reaktionen der von der Entlassung Betroffenen auswirkt (Richter, König, Koppermann & Schilling, 2016). Es gab drei verschiedene Gruppen:

- Die Trainees der *Trainingsgruppe* lernten, wie man unerfreuliche Nachrichten professionell übermittelt und die prozedurale Gerechtigkeit im Gespräch berücksichtigt.
- Trainees der *Basisgruppe* beschäftigten sich lediglich mit Prinzipien der Kommunikation unerfreulicher Nachrichten – prozedurale Gerechtigkeit war kein Thema.
- In der *Kontrollgruppe* gab es keine Intervention.

Als Trainees nahmen Studierende an der Untersuchung teil. Um zu prüfen, wie wirksam die Interventionen waren, führten die Trainees bzw. Personen aus der Kontrollgruppe nach dem Training in einem Rollenspiel ein Entlassungsgespräch. Von beobachtenden Personen wurde eingeschätzt, wie gut es gelungen war, Aspekte der prozeduralen Gerechtigkeit im Gespräch zu berücksichtigen. Die Person, die im Rollenspiel entlassen wurde, schätzte ebenfalls die prozedurale Gerechtigkeit ein und zusätzlich die von ihr erlebte Negativität. Sowohl die entlassene Person als auch die Beobachtenden stuften die prozedurale Gerechtigkeit des Gesprächs für die Trainees der Trainingsgruppe höher ein als für Personen aus der Basis- bzw. Kontrollgruppe. Darüber hinaus berichtete die entlassene Person im Anschluss an das Gespräch mit den Trainees der Trainingsgruppe eine geringere Negativität als nach den Gesprächen mit Personen aus den beiden anderen Gruppen. Die Person war nicht so ärgerlich und weniger geneigt, sich zu beschweren oder rechtlich gegen die Entlassung vorzugehen. Weitere Analysen zeigten, dass die prozedurale Gerechtigkeit die Effekte der Interventionen auf die von der entlassenen Person empfundene Negativität vermittelte, d.h. die Intervention wirkte sich zunächst auf die prozedurale Gerechtigkeit aus, die dann ihrerseits die erlebte Negativität beeinflusste.

4.4 Menschen am Change beteiligen

Menschen können sich in allen Phasen des Wandels mit ihren Ideen und Erfahrungen einbringen. Dies fördert nicht nur die Akzeptanz für Veränderungen, sondern trägt in der Regel auch zu besseren Lösungen bei. Unterschiedliche Formen der Beteiligung (Partizipation) haben sich bewährt (vgl. Stegmaier, 2016).

Input ermöglichen. Menschen in der Organisation können wertvolle Hinweise zu einem Veränderungsprojekt geben, da sie spezifisches Wissen über ihren Arbeitsbereich besitzen, das den Führungspersonen häufig fehlt. So erfahren Change Leader, was es für Probleme bei der Arbeit gibt, welche Risiken die Veränderungen beinhalten, ob etwas Neues in der Praxis nützlich ist und wie umgesetzte Lösungen verbessert werden müssten.

Mitarbeit in Projekten anbieten. Menschen können ihre Expertise auch einbringen, indem sie in einem Projekt mitarbeiten. So werden eher Lösungen und Konzepte entwickelt, die später im Arbeitsalltag auch funktionieren. Außerdem sind die Menschen wahrscheinlich offener für den Wandel, wenn sie diesen mitgestalten konnten. Ist die Projektarbeit sehr aufwendig, bietet es sich an, Personen (teilweise) vom Tagesgeschäft freizustellen.

In Entscheidungsgremien einbinden. In Veränderungsprozessen muss viel entschieden werden. In der Regel werden hierfür Gremien gebildet, die sich mit Zielen, Vorgehen, Zeitplänen, Risiken und Ressourcenbedarf befassen. Bei der Zusammenstellung eines Gremiums sollte man darauf achten, dass verschiedene Interessengruppen angemessen vertreten sind. Hierdurch fließen vielfältige Sichtweisen und Bedürfnisse in die Diskussion ein, was dazu beiträgt, dass Entscheidungen des Gremiums breiter in der Organisation akzeptiert werden.

Survey-Feedback-Methode nutzen. Beteiligung kann auch durch die drei Schritte der Survey-Feedback-Methode strukturiert werden (Felfe, 2014). Als erstes befragt man Personen zu einem Thema (Survey). Dann wertet man die Daten aus und präsentiert den Befragten die Ergebnisse (Feedback). Schließlich spricht man gemeinsam über die Ergebnisse, um diese zu interpretieren, einzuordnen und Maßnahmen abzuleiten (Maßnahmenplanung und -umsetzung). Die Befragten können dann auch entscheiden, an bestimmten Maßnahmen mitzuwirken und so Verantwortung für ihre Arbeitssituation zu übernehmen.

Betrachten wir die Ergebnisse einiger Studien zur Wirkung von Beteiligung in Veränderungsprozessen:

- Je stärker sich das Pflegepersonal eines Krankenhauses bei der Einführung eines neuen Steuerungssystems beteiligen kann, desto mehr haben die Betroffenen den Eindruck, über Kontrolle und Autonomie bei der Arbeit zu verfügen. Außerdem geht die Beteiligung auch mit einer besseren Qualität der Arbeitsbeziehungen sowie einer höheren Beschäftigungsfähigkeit des Pflegepersonals einher (Bartunek, Rousseau, Rudolph & DePalma, 2006).
- In einer Organisation des öffentlichen Wohnungsbaus wurden Prozesse optimiert und Strukturen dezentralisiert. Wenn sich Betroffene stärker beteiligen können, sind sie offener für die Veränderungen, d.h. sie akzeptieren diese und sehen ihre positiven Konsequenzen. Größere Offenheit für den Change ist auch verbunden mit mehr Arbeitszufriedenheit und weniger Stresserleben (Wanberg & Banas, 2000).
- In einem Krankenhaus gab es eine strategische Neuausrichtung, um die Qualität der Dienste zu verbessern, Kosten zu senken und die Zufriedenheit des Personals zu erhöhen. Je mehr Betroffene eingebunden werden, desto eher schlagen sie Verbesserungen für die Neuausrichtung vor oder weisen auf Probleme und Herausforderungen hin (Kim, Hornung & Rousseau, 2011).
- Ein Pharmaunternehmen veränderte seine Organisationsstrukturen, um die Innovationsfähigkeit zur Entwicklung neuer Produkte zu fördern. Hierbei kam es auch zu Entlassungen. Im Unternehmen verbleibende Personen bewerten den Wandel dann eher als prozedural und interpersonal gerecht, wenn die von den Entlassungen betroffenen Personen Vorschläge einbringen und sich an Entscheidungen beteiligen können (Kernan & Hanges, 2002).

Fazit

In unsicheren Zeiten ist es hilfreich, wenn Change Leader wertschätzend handeln. So können sie zunächst den Wandel angemessen erklären und hierüber informieren, damit die Sicht auf das Geschehen nicht durch überwiegend negative Gerüchte verzerrt wird. Professionelle Kommunikation ist rechtzeitig, phasenspezifisch, konsistent, bedarfsgerecht, adäquat, verständlich und glaubwürdig. Mit einem Kommunikationsplan lassen sich die einzelnen Maßnahmen systematisch steuern. In Gesprächen können Change Leader Prinzipien und Fertigkeiten der motivierenden Gesprächsführung nutzen, um die Veränderungsbereitschaft anderer zu unterstützen. Hierbei ist entscheidend, dass Menschen ihre Ambivalenzen gegenüber den Veränderungen ausdrücken können und Change Leader diese ernst nehmen. Personen fühlen sich auch wertgeschätzt, wenn sie das, was geschieht, als gerecht erleben. Man sollte daher auf prozedurale, distributive, interpersonale sowie informationale Gerechtigkeit achten. Können sich Menschen am Wandel beteiligen, fördert dies die Qualität erarbeiteter Lösungen und steigert gleichzeitig die Akzeptanz für das Neue. Change Leader sollten daher die Mitarbeit in Projekten anbieten, Personen in Entscheidungsgremien einbinden oder Input durch Survey-Feedback-Prozesse ermöglichen.

Reflexionsfragen: Professionell im Change kommunizieren

Erinnern Sie sich an ein Change-Projekt, in dem Sie selbst Change Leader oder vom Change betroffen waren. Reflektieren Sie, wie professionell die Kommunikation im Change war (vgl. Abschnitt 4.1 „Veränderungen angemessen erklären“).

Inwieweit wurde im Change rechtzeitig kommuniziert?

____

____

____

____

Welche Inhalte/Themen wurden in den verschiedenen Phasen des Change in der Kommunikation behandelt?

____

____

____

____

Wie bewerten Sie die Konsistenz der Change-Kommunikation?

____

____

____

____

Wie gut ist es gelungen, die Kommunikation an den Bedarfen verschiedener Zielgruppen auszurichten?

____

____

____

____

Inwieweit waren die genutzten Medien/Kanäle der Kommunikation adäquat für die übermittelten Botschaften?

Wie bewerten Sie die Verständlichkeit der Kommunikation im Change?

Wie glaubwürdig war die Change-Kommunikation?

Was hätte man in der Change-Kommunikation noch verbessern können?

Übung: Motivierende Gesprächsführung – Offene Fragen stellen

Offene Fragen sind ein zentraler Bestandteil der motivierenden Gesprächsführung (vgl. Abschnitt 4.2 „Prinzipien motivierender Gesprächsführung nutzen“). Formulieren Sie für die folgenden geschlossenen Fragen jeweils 1 bis 2 alternative offene Fragen. Sie können hier an ein Gespräch zwischen einem Change Leader und einer vom Change betroffenen Person denken, in dem es um Widerstände und Bewertungen im Hinblick auf einen Change geht.

Sehen Sie einen Nutzen des Change für die Organisation?

___

___

___

Verbessert sich durch den Change Ihre persönliche Situation?

___

___

___

Macht Ihnen der Change Angst?

___

___

___

Befürchten Sie, den Change nicht bewältigen zu können?

___

___

___

Sind Sie gut auf die neuen Anforderungen vorbereitet?

___

___

___

Erleben Sie Stress durch den Change?

Wissen Sie, was als Nächstes im Change passieren wird?

Wollen Sie sich stärker in den Change einbringen?

Brauchen Sie noch weitere Unterstützung im Change?

Können Sie sich vorstellen, Ihre Kolleginnen und Kollegen im Change zu unterstützen?

Arbeitsblatt: Motivierende Gesprächsführung – Selbstmotivierende Aussagen (in Anlehnung an Berman et al., 2020)

Selbstmotivierende Aussagen (Change Talk) zeigen an, dass sich eine Person mit einer Veränderung befasst. Es ist daher wichtig, diese Aussagen zu erkennen und darauf einzugehen (vgl. Abschnitt 4.2 „Prinzipien motivierender Gesprächsführung"). Formulieren Sie für die folgenden Bereiche weitere Beispiele für Aussagen des Change Talk. Sie können hier an ein Gespräch zwischen einem Change Leader und einer vom Change betroffenen Person denken, die sich über eine mögliche Verhaltensänderung äußert.

Wunsch: „Ich möchte das ändern ..."

____

____

____

____

____

Gründe: „Für die Veränderung spricht ..."

____

____

____

____

____

Fähigkeit: „Ich kann das ändern ..."

____

____

____

____

____

Bereitschaft: „Ich bin jetzt bereit ..."

Erste Schritte: „Ich habe bereits angefangen ..."

Reflexionsfragen: Change gerecht gestalten

Erinnern Sie sich an ein Change-Projekt, in dem Sie selbst Change Leader oder vom Change betroffen waren. Sammeln Sie Beispiele für Ereignisse, die für das Erleben von Gerechtigkeit im Change bedeutsam waren (vgl. Abschnitt 4.3 „Change-Prozess gerecht gestalten“). Dies können Beispiele sein, die das Erleben von Gerechtigkeit gefördert oder verletzt haben.

Welche Ereignisse waren bedeutsam für die distributive Gerechtigkeit?

____

____

____

____

____

____

____

____

Welche Ereignisse waren relevant für die prozedurale Gerechtigkeit?

____

____

____

____

____

____

____

____

Welche Ereignisse haben die interpersonale Gerechtigkeit betroffen?

Was hat der informationalen Gerechtigkeit genutzt oder geschadet?

Reflexionsfragen: Menschen am Change beteiligen

Erinnern Sie sich an ein Change-Projekt, in dem Sie selbst Change Leader oder vom Change betroffen waren. Reflektieren Sie, inwieweit verschiedene Möglichkeiten genutzt wurden, Change-Betroffene angemessen zu beteiligen (vgl. Abschnitt 4.4 „Menschen am Change beteiligen").

Welche Möglichkeiten gab es, Input zum Change zu geben?

____

____

____

____

In welcher Form konnten Personen in Projekten mitarbeiten?

____

____

____

____

Inwieweit waren Betroffene in Entscheidungsgremien eingebunden?

____

____

____

____

In welcher Form hat man die Survey-Feedback-Methode genutzt?

____

____

____

____

Wie haben sich die Angebote zur Beteiligung über die verschiedenen Phasen des Change (Auftauen, Bewegen, Einfrieren) verändert?

Wie gut wurden die Beteiligungsangebote von den Betroffenen angenommen?

Gab es Vorbehalte im Management hinsichtlich der Beteiligung der Betroffenen? Welche? Warum?

Wie hätte man die Beteiligung der Betroffenen im Change noch wirksamer gestalten können?

5 Verhaltensänderung unterstützen

Damit Menschen mit veränderten Aufgaben bzw. Anforderungen zurechtkommen, müssen sie ihr Verhalten ändern. Bleibt dies aus, existiert der Wandel lediglich auf dem Papier und seine eigentlichen Ziele werden nicht erreicht. Change Leader können auf bewährte Techniken zurückgreifen, um Menschen bei der Verhaltensänderung zu unterstützen. Wir schauen uns ausgehend von der Theorie des geplanten Verhaltens an, welche Faktoren das Verhalten von Menschen bestimmen. Hieran anknüpfend werden konkrete Techniken der Verhaltensänderung dargestellt, mit denen man die unterschiedlichen Faktoren beeinflussen kann.

5.1 Determinanten der Verhaltensabsicht kennen

Gemäß der *Theorie des geplanten Verhaltens* ist die Absicht, ein bestimmtes Verhalten zeigen zu wollen, in vielen Fällen eine gute Voraussetzung dafür, sich tatsächlich entsprechend zu verhalten (Ajzen, 1991). Menschen mit größerer Achtsamkeit verhalten sich im Vergleich zu weniger achtsamen Personen häufiger so, wie sie es beabsichtigt haben (Chatzisarantis & Hagger, 2007). Wenn eine Person die eigene Achtsamkeit fördert, stärkt sie daher gleichzeitig ihre Fähigkeit, Absichten auch tatsächlich umzusetzen. Ob jemand überhaupt eine Verhaltensabsicht entwickelt, hängt nach der Theorie des geplanten Verhaltens von drei Faktoren ab.

Determinanten der Verhaltensabsicht (nach Ajzen, 1991)

- *Einstellung zum Verhalten.* Wie eine Person gegenüber einem Verhalten eingestellt ist, wird unter anderem durch ihre Überzeugungen und Werte bestimmt. Ist jemand beispielsweise überzeugt, dass das Verhalten erfreuliche Konsequenzen hat und zu den eigenen Werten passt, unterstützt dies eine positive Einstellung.
- *Subjektive Norm.* Menschen haben das Bedürfnis nach Zugehörigkeit und wollen von anderen anerkannt und wertgeschätzt werden.

Daher achtet man besonders darauf, wie andere Menschen reagieren, wenn man sich auf eine bestimmte Art und Weise verhält. Erfährt man Anerkennung oder Ablehnung, kann dies ein Hinweis sein, was andere von einem erwarten. Oft wird man sich bemühen, dieser wahrgenommenen subjektiven Norm gerecht zu werden.

- *Wahrgenommene Verhaltenskontrolle.* Je mehr man sich ein Verhalten zutraut, desto wahrscheinlicher wird man beabsichtigen, dieses auch zu zeigen. Schätzt man die eigene Verhaltenskontrolle hoch ein, geht man davon aus, dass einem das Verhalten gelingen wird. Günstig für die erlebte Verhaltenskontrolle ist es, wenn jemand beispielsweise die notwendigen Kompetenzen mitbringt oder von anderen bei Bedarf unterstützt wird.

Die Psychologie hat vielfältige Techniken der Verhaltensänderung entwickelt und überprüft, wie wirksam diese sind. Abraham und Michie (2008) führen in ihrer Überblicksarbeit die wichtigsten Techniken auf und beleuchten deren theoretischen Hintergrund. Die folgende Darstellung orientiert sich an dieser Zusammenstellung und konkretisiert die Techniken für Change Leader. Es geht also darum, wie jemand mit diesen Techniken andere bei der Veränderung ihres Verhaltens unterstützen kann. Entscheidend ist hierbei, dass Change Leader sich mit den Betroffenen über die Nutzung dieser Techniken austauschen, sodass diese sich nicht manipuliert fühlen. Die nachfolgend beschriebenen Techniken werden jeweils dem Faktor aus der Theorie des geplanten Verhaltens zugeordnet, der durch diese in erster Linie beeinflusst wird. Wir beginnen mit Techniken, die auf die Einstellung gegenüber einem Verhalten zielen.

5.2 Positive Einstellung zum Verhalten fördern

Über Konsequenzen des Verhaltens informieren. Eine Person wird eher eine positive Einstellung gegenüber einem neuen Verhalten entwickeln, wenn sie dessen Nutzen erkennt. Andersherum betrachtet, kann man kann sich auch klar machen, welche Nachteile mit dem bisherigen Verhalten verbunden sind. Als Change Leader sollte man andere daher anregen, über die Konsequenzen der verschiedenen Verhaltensweisen nachzudenken, oder jemanden direkt über spezifische Auswirkungen informieren. Konsequenzen lassen sich hierbei aus verschiedenen Perspektiven bewerten. So kann man sich fragen, wie das neue Verhalten einen selbst, Kolleginnen und Kollegen, die Organisation oder auch externe Personen beeinflusst.

Gelegenheit als Rollenmodell bieten. Wer anderen als Rollenmodell dient, wird wahrscheinlich das entsprechende Verhalten deutlich positiver beurteilen, sich stärker damit identifizieren und dieses länger aufrechterhalten. Dies lässt sich zum einen damit erklären, dass Menschen aus ihrem eigenen Verhalten Rückschlüsse auf ihre Einstellungen ziehen (Bem, 1967) – genauso, wie sie das auch bei anderen Menschen tun. Zum anderen dürfte eine Rolle spielen, dass wir Widersprüche zwischen unserem Verhalten und unseren Einstellungen häufig vermeiden wollen. Die sonst erlebte *Dissonanz* kann ein Spannungsgefühl erzeugen, das wir reduzieren möchten (Festinger, 1957). In vielen Fällen ist es dann am einfachsten, die Einstellung stärker an das Verhalten anzupassen. Diese beiden Mechanismen können dazu beitragen, dass ein Rollenmodell dem vorgelebten Verhalten gegenüber positiver eingestellt sein dürfte. Change Leader können mit anderen gemeinsam überlegen, ob diese sich als Rollenmodell engagieren möchten.

5.3 Subjektive Norm klären

Verhalten selbst vorleben. Menschen können neues Verhalten lernen, indem sie darauf achten, was andere tun. Dies wird als *soziales Lernen* bzw. Lernen am Modell bezeichnet (vgl. Jonas & Fichter, 2006). Wer sich mit einem Modell identifiziert, wird das Verhalten besonders aufmerksam beobachten und sich später leichter daran erinnern. Auch ist es hilfreich, wenn man sieht, was das modellierte Verhalten Positives bewirkt; so erlebt man eine stellvertretende Verstärkung. Change Leader können ihre Vorbildrolle nutzen, um neues Verhalten vorzuleben und so soziales Lernen zu ermöglichen. Gleichzeitig signalisieren sie hierdurch, was sie von anderen erwarten.

Durch Hinweise an Verhalten erinnern. Unser Verhalten wird nicht immer durch Ziele und Pläne gesteuert. Gewohnheitsmäßiges Verhalten wird häufig durch spezifische Bedingungen oder Hinweise *(Cues)* einfach ausgelöst, ohne dass wir lange darüber nachdenken, wie wir uns verhalten wollen (Wood, Tam & Witt, 2005). Change Leader können die Verhaltensänderung daher unterstützen, indem sie Betroffene durch Hinweise in der Arbeitsumgebung an das neue Verhalten erinnern. So kann man beispielsweise ein passendes Plakat aufhängen oder Ressourcen sichtbar platzieren, die das neue Verhalten erleichtern. Ergänzend sollte man Hinweise oder Hilfsmittel entfernen, die abgelöste Verhaltensweisen automatisch anstoßen könnten.

Vergleich mit dem Verhalten anderer anregen. Über die soziale Norm in einem Team oder einer Abteilung erfährt man etwas, wenn man aufmerksam beobachtet, wie sich andere üblicherweise verhalten. Wenn mehrere Personen regelmäßig ein bestimmtes Verhalten zeigen, deutet dies darauf hin, dass das entsprechende Verhalten in diesem sozialen Kontext erwünscht ist. Change Leader können daher anregen, dass man das eigene Verhalten mit dem Verhalten anderer vergleicht. So erkennt man, wo das eigene Verhalten mit dem Verhalten anderer übereinstimmt oder sich davon unterscheidet. Häufig werden soziale Normen auch über Teamregeln oder Leitbilder explizit thematisiert. Darüber hinaus kann der soziale Vergleich aber auch die eigene Selbstwirksamkeit stärken: Wenn ich sehe, dass anderen ein neues Verhalten gelingt, traue ich mir dies auch eher zu (Bandura, 1991).

Über die Wirkung des Verhaltens auf andere informieren. Die soziale Norm drückt sich darin aus, wie andere auf ein bestimmtes Verhalten reagieren. Entspricht das eigene Verhalten der sozialen Norm, erfährt man in der Regel Anerkennung, sonst kann es leicht zu ablehnenden Reaktionen kommen: Beispielsweise wird das Verhalten direkt kritisiert oder die betroffene Person langsam aus der Gruppe ausgeschlossen. Change Leader sollten Betroffene daher ermutigen, sich dafür zu interessieren, wie andere auf ihr Verhalten reagieren. So erfahren sie, inwieweit das eigene Verhalten den sozialen Erwartungen gerecht wird.

Feedback zum Verhalten geben. Durch Feedback erkennt eine Person, ob ihr Verhalten (Istwert) den Erwartungen und Standards (Sollwert) entspricht. Kontrolltheoretisch kann man davon sprechen, dass Feedback einen Vergleich von Ist- und Sollwert ermöglicht, der für die Regulation des Verhaltens und erforderliche Lernprozesse entscheidend ist (Carver & Scheier, 1982).

Feedback richtig formulieren (vgl. Fiege, Muck & Schuler, 2014)

Feedback sollte ...

- angemessen und nachvollziehbar sein
- zeitnah erfolgen
- sich auf spezifisches Verhalten oder konkrete Ergebnisse beziehen
- positive oder negative Konsequenzen des angesprochenen Verhaltens thematisieren
- der anderen Person Raum geben, ihre Sichtweise darzustellen
- Handlungsoptionen aufzeigen
- die Formulierung von Veränderungszielen unterstützen
- als eigene Wahrnehmung beschrieben werden
- wertschätzend und sensibel formuliert werden (vor allem bei negativem Feedback)
- glaubwürdig sein (positive Absicht, gute Kenntnis der Person).

Verhalten verstärken. Menschen werden Verhaltensweisen häufig beibehalten, wenn sie hierfür belohnt werden. Dies ist eine klassische Erkenntnis der Lernpsychologie. Verwendet man deren Begriffe, kann man sagen, dass verstärktes Verhalten in der Zukunft mit größerer Wahrscheinlichkeit wieder auftreten wird (vgl. Edelmann & Wittmann, 2019). Es gibt zwei Arten der Verstärkung. Im Fall der *positiven Verstärkung* folgt eine positive Konsequenz auf das Verhalten (z. B. ein Lob oder eine Beförderung), bei der *negativen Verstärkung* entfällt hingegen eine negative Konsequenz (z. B. keine Beschwerden oder Überstunden mehr). Change Leader können demnach Menschen bei der Änderung des Verhaltens unterstützen, indem sie dieses entsprechend verstärken. Dies kann bei der negativen Verstärkung beispielsweise bedeuten, eine Person darauf hinzuweisen, dass bestimmte negative Konsequenzen weggefallen sind. Manchmal merkt man dies selbst gar nicht oder führt die Verbesserung nicht auf das neue Verhalten zurück.

5.4 Wahrgenommene Verhaltenskontrolle stärken

Hinweise zur Konkretisierung des Verhaltens geben. Neues Verhalten fällt einem leichter, wenn man genau weiß, wie etwas zu tun ist. Change Leader können konkret darauf hinweisen, worauf es bei der Vorbereitung, Ausführung und Nachbereitung neuer Verhaltensweisen besonders ankommt. Dies hilft anderen, etwas in der richtigen Reihenfolge zu tun, sich auf leistungskritische Schritte zu konzentrieren und typische Fehler zu vermeiden. Je konkreter sich jemand das neue Verhalten vorstellen kann, desto eher wird die Person erwägen, es einfach einmal auszuprobieren.

Identifikation von Verhaltensbarrieren unterstützen. Es macht auch Sinn, vorausschauend darüber nachzudenken, was ein neues Verhalten verhindern oder erschweren kann. Change Leader sollten daher gemeinsam mit den Betroffenen frühzeitig entsprechende Barrieren identifizieren und Lösungen entwickeln, wie sich diese abbauen oder umgehen lassen. Die Barrieren können mit der Person selbst zu tun haben (z.B. fehlende Kompetenz) oder stärker in der Situation liegen (z.B. ungeeignete Infrastruktur, Mangel an Ressourcen, abweichende Gruppennormen). Kennt man die hemmenden Faktoren und hat Lösungen hierfür entwickelt, gibt einem dies größere Sicherheit.

Ermutigung ausdrücken. Eine Person wird sich stärker als selbstwirksam erleben, wenn ihr andere sagen, dass sie ihr das neuartige Verhalten zutrauen (Bandura, 1991). Es wird einen ermutigen, wenn andere die ersten Schritte in Richtung Veränderung und das damit verbundene Bemühen anerkennen; unabhängig davon, ob man Erfolg hatte. Wie wir uns selbst sehen, wird nun einmal auch entscheidend davon geprägt, wie andere mit uns umgehen. Daher können Change Leader die Selbstwirksamkeit anderer stärken, indem sie ermutigend mit ihnen sprechen.

Üben und Wiederholen des Verhaltens anregen. Üben und Wiederholen sind entscheidend, um sich ein neues Verhalten bzw. eine neue Gewohnheit anzueignen. Je häufiger man ein Verhalten bereits gezeigt hat, desto leichter fällt es, dieses auch zukünftig zuverlässig einzusetzen. So entstehen Gewohnheiten, wenn wir auf bestimmte Bedingungen regelmäßig und wiederholt mit einem spezifischen Verhalten reagieren und hierdurch eine positive Konsequenz erfahren (Wood & Rünger, 2016). Change Leader können Personen in geeigneten Situationen immer wieder daran erinnern, dass sie jetzt das Verhalten ausprobieren können und mögliche Fehler zum Lernen dazugehören. So wird die Chance zum Üben nicht verpasst.

Schwierigkeit von Aufgaben und Anforderungen schrittweise steigern. Die Verhaltensänderung wird besser gelingen, wenn man mit einfachen Anforderungen beginnt und sich dann schrittweise schwierigeres Verhalten vornimmt. Wer Erfolge bei einfacheren Anforderungen erlebt, wird sich dann auch schwierigen Anforderungen stellen. Die eigene Bewältigungserfahrung trägt maßgeblich zur persönlichen Selbstwirksamkeit bei (Bandura, 1991). Change Leader sollten daher Anforderungen schrittweise steigern; so können Betroffene Erfolge erleben.

Soziale Unterstützung ermöglichen. Andere Personen können einem dabei helfen, ein neues Verhalten zu erlernen und aufrechtzuerhalten. Verschiedene Formen der sozialen Unterstützung spielen hier eine Rolle (Laireiter, 2006). Da ist zum einen die *psychologische* Unterstützung: Manchmal tut es einfach gut, dass andere einem zuhören, wenn man von erlebten Herausforderungen, Rückschlägen oder Zweifeln berichtet. Oder jemand würdigt Fortschritte, die man bei der Verhaltensänderung erzielt hat. Das stärkt den eigenen Selbstwert. Dann gibt es noch die *instrumentelle* Unterstützung. Jemand übernimmt beispielsweise zunächst einmal eine Aufgabe, die man sich noch nicht zutraut, oder gibt einem wertvolle Ratschläge, wie man an die Verhaltensänderung herangehen kann. Change Leader sollten daher überlegen, wie und von wem soziale Unterstützung geleistet werden kann, und natürlich auch selbst andere unterstützen.

Selbstbeobachtung des Verhaltens vorschlagen. Wenn wir uns selbst beobachten, gewinnen wir Selbstkenntnis, wie wir uns in unterschiedlichen Situationen verhalten. Man erkennt beispielsweise, wann ein neues Verhalten gelingt und unter welchen Bedingungen es schwierig ist. Vielleicht fällt einem auch auf, welche Gedanken und Gefühle einer gelungenen Verhaltensänderung vorausgehen und welche inneren Zustände das neue Verhalten blockieren können. All dies hilft uns, zukünftig das eigene Verhalten besser zu regulieren (Bandura, 1991). Außerdem wird einem durch die Selbstbeobachtung schneller klar, ob das eigene Verhalten den Erwartungen und Standards bei der Arbeit gerecht wird. Gegebenenfalls kann sich jemand dann noch mehr anstrengen oder etwas anderes ausprobieren und das Verhalten anpassen. Je besser wir verstehen, was unser Verhalten in spezifischen Situationen bewirkt, desto leichter können wir einen Standard verinnerlichen, an dem wir dieses zukünftig messen (Bandura, 2001). So ist man weniger abhängig vom Feedback anderer und erkennt selbst, ob man sich angemessen verhält. Change Leader können mit anderen über die Chancen der Selbstbeobachtung des Verhaltens sprechen und diese hierzu ermutigen, um deren Fähigkeit zur Selbstregulation zu fördern.

Ermutigende Gedanken thematisieren. Ob sich jemand etwas zutraut, wird auch von den Gedanken beeinflusst, die einem durch den Kopf gehen. Es kommt darauf an, dieses „Gespräch" mit sich selbst ermutigend zu führen. Gelingt es, entmutigende Gedanken loszulassen („Ich schaffe das sowieso niemals.") und motivierenden Gedanken Raum zu geben („Ich kann es ja mal versuchen."), dürfte dies die wahrgenommene Selbstkontrolle erhöhen. Oder man denkt an vergangene Herausforderungen, die man bereits bewältigt hat, und macht sich bewusst, über welche Ressourcen (z.B. persönliche Stärken) man verfügt. Change Leader sollten andere für die Wirkung ermutigender Gedanken sensibilisieren und diese an gelungene Verhaltensänderungen erinnern.

5.5 Formulieren einer Verhaltensintention anregen

Oft nehmen wir uns vor, etwas zu ändern, tun es aber letztlich nicht. Eine Ursache hierfür kann sein, dass wir uns nicht klar darüber sind, was genau wir eigentlich vorhaben. Man bleibt zu vage, z.B.: „Ich will gelassener bei der Arbeit sein." Damit wir ein Verhaltensziel erreichen, sollten wir dieses durch einen Vorsatz bzw. eine Verhaltensintention konkretisieren (vgl. Achtziger & Gollwitzer, 2018). Hierbei müssen wir vorab bestimmen, was genau wir tun wollen, wenn wir in der zuvor definierten Situation sind, z.B.: „Wenn mich in einem Meeting jemand persönlich angreift, atme ich dreimal tief durch und antworte dann rein sachlich." Indem man die Situation bereits im Voraus spezifiziert, ist es weniger wahrscheinlich, die Chance für das neue Verhalten zu verpassen. Die Gelegenheit wird leichter erkannt und besser genutzt. Man muss jetzt nicht mehr lange überlegen, ob und wie man reagieren möchte, da das konkrete Verhalten für diese Situation ja bereits festgelegt ist. Die Entscheidungslast wird hierdurch reduziert und das Verhalten nahezu automatisch initiiert. Change Leader können mit anderen gemeinsam geeignete Situationen identifizieren, in denen sich das neue Verhalten erproben lässt.

Fazit

Damit der Wandel gelingt, müssen Menschen ihr Verhalten ändern. Change Leader können diese Verhaltensänderung unterstützen, indem sie bewährte Techniken aus der Psychologie einsetzen. Die Theorie des geplanten Verhaltens bietet einen geeigneten Rahmen, um die verschiedenen Techniken nach ihrer hauptsächlichen Wirkung zu ordnen. Man kann mit den Techniken eine positive Einstellung gegenüber einem Verhalten fördern, die subjektive Norm klären, die wahrgenommene Verhaltenskontrolle stärken oder die Formulierung einer Verhaltensintention anregen. Change Leader sollten sich mit den Betroffenen über die Nutzung und Wirkung dieser Techniken austauschen. Letztlich dienen die Techniken ja dazu, die Selbstregulation von Menschen zu stärken.

Checkliste: Verhaltensänderung unterstützen (in Anlehnung an Abraham & Michie, 2008)

Nutzen Sie die nachfolgende Checkliste, um zu reflektieren, welche Techniken Sie einsetzen, um andere z. B. als Change Leader bei der Verhaltensänderung zu unterstützen (vgl. Kapitel 5 „Verhaltensänderung unterstützen“). Außerdem können Sie überlegen, in welchen weiteren Situationen die Technik hilfreich sein könnte. Sie können an Situationen im Change oder allgemein bei der Arbeit denken.

	eher ja	eher nein
Über Konsequenzen des Verhaltens informieren.	☐	☐
In welcher Situation könnte die Technik noch hilfreich sein? ______		
Gelegenheit als Rollenmodell bieten.	☐	☐
In welcher Situation könnte die Technik noch hilfreich sein? ______		
Verhalten selbst vorleben.	☐	☐
In welcher Situation könnte die Technik noch hilfreich sein? ______		
Durch Hinweise an Verhalten erinnern.	☐	☐
In welcher Situation könnte die Technik noch hilfreich sein? ______		
Vergleich mit dem Verhalten anderer anregen.	☐	☐
In welcher Situation könnte die Technik noch hilfreich sein? ______		
Über die Wirkung des Verhaltens auf andere informieren.	☐	☐
In welcher Situation könnte die Technik noch hilfreich sein? ______		

	eher ja	eher nein
Feedback zum Verhalten geben.	☐	☐
In welcher Situation könnte die Technik noch hilfreich sein? ______		
Verhalten verstärken.	☐	☐
In welcher Situation könnte die Technik noch hilfreich sein? ______		
Hinweise zur Konkretisierung des Verhaltens geben.	☐	☐
In welcher Situation könnte die Technik noch hilfreich sein? ______		
Identifikation von Verhaltensbarrieren unterstützen.	☐	☐
In welcher Situation könnte die Technik noch hilfreich sein? ______		
Ermutigung ausdrücken.	☐	☐
In welcher Situation könnte die Technik noch hilfreich sein? ______		
Üben und Wiederholen des Verhaltens anregen.	☐	☐
In welcher Situation könnte die Technik noch hilfreich sein? ______		
Schwierigkeit von Aufgaben und Anforderungen schrittweise steigern.	☐	☐
In welcher Situation könnte die Technik noch hilfreich sein? ______		
Soziale Unterstützung ermöglichen.	☐	☐
In welcher Situation könnte die Technik noch hilfreich sein? ______		

	eher ja	**eher nein**
Selbstbeobachtung des Verhaltens vorschlagen.	☐	☐
In welcher Situation könnte die Technik noch hilfreich sein? ______________________________________		
Ermutigende Selbstinstruktion thematisieren.	☐	☐
In welcher Situation könnte die Technik noch hilfreich sein? ______________________________________		
Formulieren einer Verhaltensintention anregen.	☐	☐
In welcher Situation könnte die Technik noch hilfreich sein? ______________________________________		

6 Kreativität fördern

Wandel braucht Kreativität, und zwar in allen Phasen. Aber auch im sich anschließenden „Normalbetrieb“ wird nicht alles reibungslos funktionieren, sodass immer wieder Probleme auftauchen, die kreativ gelöst werden müssen. Menschen sollen sich demnach nicht lediglich anpassen, sondern das Neue eigenverantwortlich mitgestalten. Wir klären daher im ersten Schritt, was man unter Kreativität versteht und wie kreative Prozesse strukturiert sind. Dann geht es um verschiedene Faktoren, die die Kreativität von Menschen beeinflussen. Hierzu zählen der Führungsstil der Change Leader, ein kreativitätsförderlicher Kontext sowie die erlebte psychologische Sicherheit bei der Arbeit.

6.1 Kreative Prozesse verstehen

Damit Change Leader Kreativität fördern können, müssen sie verstehen, was genau man unter kreativer Leistung versteht und wie kreative Arbeitsprozesse strukturiert sind. Von kreativer Leistung spricht man, wenn jemand eine neue und nützliche Idee entwickelt und umsetzt (vgl. Schuler & Görlich, 2007). Im Arbeitskontext kann dies bedeuten, Prozesse, Strukturen, Produkte, Dienste sowie Geschäftsmodelle zu verbessern oder ganz neu zu denken. Kreative Leistungen umspannen daher sowohl kleinere alltägliche Verbesserungen als auch größere bahnbrechende Neuerungen. Folgt man dieser Sichtweise, können Menschen in jedem Job kreativ sein. In ihrer Summe tragen die kleinen und großen kreativen Leistungen zum wirtschaftlichen Erfolg und zur Wettbewerbsfähigkeit von Organisationen bei.

Kreative Leistungen werden auch mit *divergentem Denken* in Verbindung gebracht (vgl. Krampen, 2019). Typisch für diese Form des Denkens ist es, Lösungen für offene Probleme zu finden, die durch unstrukturierte Ausgangsbedingungen und Zielzustände charakterisiert sind. Entsprechend kann es unterschiedliche Lösungen eines Problems geben. Schauen wir uns weitere Merkmale divergenten Denkens an.

Merkmale divergenten Denkens (nach Krampen, 2019, S. 20 f.)

- *Problemsensibilität.* Offene Probleme müssen gefunden und mit interessanten Fragen und Hypothesen verknüpft werden.
- *Ideenflüssigkeit.* Die Anzahl entwickelter Ideen ist Ausdruck der Produktivität des divergenten Denkens.
- *Ideenflexibilität.* Wenn man sich einem Problem aus verschiedenen Perspektiven nähert und sich von gewohnten Denkstrukturen löst, entstehen vielfältigere Lösungen.
- *Elaboration.* Hier geht es um den Detailgrad der Problemformulierung und der entwickelten Lösung. Wer sich ein vertieftes Verständnis eines Problems erarbeitet hat, kann dessen Lösung besser konkretisieren und hierbei möglichst viele relevante Faktoren berücksichtigen.

Kreativer Prozess

Kommen wir jetzt zum kreativen Arbeitsprozess. Change Leader können diesen Prozess mithilfe von acht Phasen strukturieren (Schuler & Görlich, 2007):

1. *Problementdeckung.* Der kreative Prozess wird initiiert, wenn jemand ein Problem entdeckt und dieses grob definiert. Auf das Problem kann man zufällig stoßen oder gezielt danach suchen. Häufig hat ein Problem damit zu tun, dass man mit einen Zustand nicht zufrieden ist und diesen genauer verstehen möchte, um ihn zu verbessern (Palmer, 2016). Aber auch ein attraktives Ziel oder eine wahrgenommene Bedrohung können als Kontext der Problementdeckung dienen.
2. *Informationssuche, -aufnahme und -bewertung.* Um das Problem präziser zu definieren, benötigt man relevante Informationen. Da die Suche sehr schnell zu einer Überlastung führen kann, müssen Quellen und Informationen hinsichtlich ihrer Relevanz bewertet und entsprechend ausgewählt werden. Oft sind es andere Personen, die einem entscheidende Informationen liefern. Nimmt so die eigene Expertise auf einem Gebiet zu, ist man gut für die nächsten Phasen vorbereitet.
3. *Kombination von Konzepten.* Eine wertvolle Idee kann entstehen, wenn jemand Konzepte und Informationen in neuartiger Weise miteinander verbindet (z. B. Leasing als Synthese von Kaufen und Leihen) oder

Analogien zwischen bislang getrennten Bereichen herstellt (z. B. zwischen der Struktur von Atomen und dem Planetensystem). Die Grenze zur nächsten Phase ist fließend.

4. *Ideenfindung.* Hier wird man sich der zentralen Idee bewusst. Oft erfolgt die Einsicht plötzlich und man fühlt sich erleichtert, die Konzepte und Informationen widerspruchsfrei strukturiert zu haben. Gerne wird hier auch vom „Aha"-Moment gesprochen.
5. *Ausarbeitung und Entwicklung des Lösungsansatzes.* Aus der kreativen Idee muss allerdings noch eine Problemlösung werden, die sich in der Praxis bewährt. In dieser Phase soll daher vorläufig eingeschätzt werden, ob dies möglich ist. Hierzu werden grobe Lösungsansätze entwickelt und erprobt, sodass ein erster Eindruck von der Umsetzbarkeit der Idee entsteht. Hierbei können Vorstudien, Experimente und Prototypen hilfreich sein (Palmer, 2016).
6. *Ideenbewertung.* Hat es ein Lösungsansatz bis in diese Phase geschafft, wird er jetzt strenger bewertet. Zunächst ist zu entscheiden, an welchen Kriterien man die Idee misst und wer diese überhaupt bewerten soll. Verschiedene Personen oder Interessengruppen können die Relevanz und Ausprägung verschiedener Kriterien unterschiedlich einschätzen, sodass ein Votum häufig nicht einstimmig ausfallen wird. Noch schwieriger wird es, wenn man den Faktor Zeit bedenkt. Wer kann schon vorhersagen, welche Konsequenzen eine umgesetzte Idee mittel- und langfristig haben wird. Die Ideenbewertung findet daher immer unter Unsicherheit statt.
7. *Anpassung und Umsetzung.* Wurde der grundlegende Lösungsansatz positiv bewertet, muss er noch als konkrete Problemlösung umgesetzt werden. Jetzt stellen sich viele Detailfragen, die bislang ausgeblendet werden konnten. Nicht selten wird die Problemlösung wiederholt angepasst, wenn beim Überprüfen auffällt, dass etwas nicht funktioniert oder kaum akzeptiert wird.
8. *Implementierung.* In der letzten Phase wird die angepasste Problemlösung tatsächlich realisiert, nachdem man die notwendigen Voraussetzungen hierfür geschaffen hat. Dies kann technische, organisatorische, rechtliche oder andere Bedingungen betreffen. Oft müssen einflussreiche Personen die Idee unterstützen, damit sie sich durchsetzen und verbreiten kann.

6.2 Transformational führen

Wer transformational führt, unterstützt andere dabei, Kompetenzen zu entwickeln, neues Verhalten zu erproben, Bedingungen der Arbeit zu verbessern sowie arbeitsrelevante Werte zu formulieren (Felfe, 2006). Es geht bei der transformationalen Führung also im Kern um Veränderungsprozesse. Vier Dimensionen zeichnen die transformationale Führung aus.

Dimensionen transformationaler Führung (vgl. Avolio, Bass & Jung, 1999; Felfe & Franke, 2014)

- *Einfluss durch Vorbildlichkeit und Glaubwürdigkeit.* Die Führungsperson setzt sich leidenschaftlich bei der Arbeit ein, tritt glaubwürdig auf und wird so zum Vorbild, an dem man sich gerne orientiert.
- *Motivation durch begeisternde Vision.* Es gelingt der Führungsperson, andere zu motivieren, indem sie ein attraktives Bild der Zukunft entwirft und dieses anschaulich und überzeugend vermittelt.
- *Anregung und Förderung von kreativem und unabhängigem Denken.* Die Führungsperson ermutigt andere, Gewohnheiten und Sichtweisen kritisch zu prüfen und Neues bei der Arbeit zu wagen.
- *Individuelle Unterstützung und Förderung.* Damit sich andere nicht über- oder unterfordert fühlen und beruflich entwickeln können, achtet die Führungsperson auf deren Bedürfnisse und Kompetenzen, wenn sie ihnen Aufgaben oder Projekte zuteilt, Rückmeldungen zur Arbeit gibt oder Hilfe und Unterstützung anbietet.

Wie wirksam transformationale Führung im Wandel und bei der Förderung von Kreativität ist, haben zahlreiche Studien belegt (vgl. Stegmaier, Nohe & Sonntag, 2016). Schauen wir uns einige der gefundenen Effekte kurz an:

- *Emotionen im Change.* Geführte erleben in Veränderungsprozessen häufiger positive Emotionen wie Stolz oder Begeisterung und weniger negative Emotionen wie Angst, wenn sie stärker transformational geführt werden. Wer mehr positive Emotionen empfindet, entwickelt ein stärkeres Commitment zum Wandel, engagiert sich intensiver für diesen und bringt häufiger kreative Ideen ein (Seo et al., 2012).
- *Commitment gegenüber dem Wandel.* Wenn Menschen stärker transformational geführt werden, ist ihr Commitment gegenüber dem Wandel größer und sie nutzen in der Folge eine neue Technologie häufiger

bei der Arbeit. Noch verstärkt wird dieser Effekt, wenn es in der Organisation ein starkes Klima für Initiative gibt und Menschen entsprechend proaktiv und eigenverantwortlich Probleme lösen bzw. Chancen verfolgen (Michaelis, Stegmaier & Sonntag, 2010).

- *Veränderungsbereitschaft.* Wer stärker transformational geführt wird, bringt eine größere Veränderungsbereitschaft mit. Abgeschwächt wird dieser Effekt durch Stressoren wie Rollenkonflikte oder Spannungen im Team, verstärkt hingegen durch Ressourcen wie Handlungsspielraum, soziale Unterstützung oder Gerechtigkeit (Herrmann, Felfe & Hardt, 2012).
- *Zynismus gegenüber Wandel.* Wenn Menschen sich stärker transformational geführt fühlen, ist ihr Zynismus gegenüber dem Change schwächer, d.h. sie stellen weniger dessen Nutzen oder Umsetzbarkeit infrage. Diese Wirkung wird vermittelt durch die erlebte interpersonale sowie informationale Gerechtigkeit (Wu, Neubert & Yi, 2007).
- *Kreative Leistung.* Je stärker Menschen transformational geführt werden, desto begeisterter sind sie bei der Arbeit (intrinsische Motivation) und entwickeln sowie verwirklichen in der Folge häufiger kreative Ideen (kreative Leistung). Bei Menschen, die Respekt gegenüber Traditionen haben, fällt dieser Effekt sogar noch stärker aus (Shin & Zhou, 2003).
- *Verbesserungsvorschläge.* Wer eine stärkere transformationale Führung erlebt, entwickelt engagierter Ideen, wie sich Arbeitsprozesse oder Produkte der Organisation verbessern lassen. Vermittelt wird dieser Effekt durch die erlebte psychologische Sicherheit. Menschen, die sich bei der Arbeit psychologisch sicher fühlen, befürchten keine negativen Konsequenzen, wenn sie Kritik äußern oder Probleme offen ansprechen (Detert & Burris, 2007).
- *Engagement im Ideenmanagement.* Je stärker sich Menschen von ihrer Führungsperson inspirierend motiviert fühlen, desto mehr engagieren sie sich im Ideenmanagement. Verstärkt wird dieser Effekt durch eine ausgeprägte Verbesserungskultur, die man daran erkennt, dass Menschen keine Konflikte mit anderen in der Organisation erwarten, wenn sie diese betreffende Verbesserungen vorschlagen (Pundt & Schyns, 2005).

6.3 Klima für Kreativität pflegen

Change Leader können bei der Arbeit ein *Klima für Kreativität* schaffen. Hierbei kommt es auf verschiedene Dimensionen an (vgl. Ekvall, 1996, S. 107–108):

- *Herausforderungen.* Menschen empfinden Freude und Sinn bei der Arbeit, interessieren sich für das, was geschieht, und widmen sich voller Energie dem, was zu tun ist.
- *Freiheit.* Menschen gehen gerne auf andere zu, teilen mit diesen Informationen, besprechen offen Probleme, verfolgen Ideen und treffen notwendige Entscheidungen.
- *Unterstützung für Ideen.* Andere interessieren sich für Vorschläge und Ideen ihrer Kolleginnen und Kollegen, die sie auch gerne unterstützen. Sie ermutigen andere, Neues auszuprobieren, statt vor allem auf mögliche Probleme oder Hindernisse hinzuweisen.
- *Vertrauen und Offenheit.* Personen äußern ihre Meinung und stoßen Entwicklungen an, ohne zu befürchten, dass andere hierauf negativ reagieren. Man macht sich auch keine Sorgen, dass andere Ideen einfach übernehmen und als ihren eigenen Einfall darstellen, um für sich persönliche Vorteile zu erhalten.
- *Dynamik und Lebendigkeit.* In der Organisation geschieht ständig etwas, neue Projekte starten und Menschen wechseln schnell vom Abwägen zum Ausprobieren. Die Organisation ist nicht in Routinen erstarrt und es gehört zum Alltag, etwas Überraschendes zu erleben.
- *Verspieltheit/Leichtigkeit/Humor.* Personen handeln spontan, nehmen Angelegenheiten nicht zu ernst und finden gelegentlich auch Zeit für Humor. So entsteht eine entspannte Atmosphäre, in der ein Lachen bei der Arbeit nicht unpassend erscheint.
- *Risikofreude.* Menschen entscheiden entschlossen, ergreifen Chancen und probieren Neues zügig aus. Die hiermit verbundene Unsicherheit wird toleriert und man flüchtet sich nicht in endlose weitere Analysen, die das Handeln letztlich auf unbestimmte Zeit verzögern würden.
- *Zeit für Ideenarbeit.* Damit Menschen Ideen entwickeln und ausarbeiten können, benötigen sie Zeit. Entscheidend ist daher, dass ein gewisser Teil der Arbeitszeit für solche Ideenarbeit freigehalten wird. So kann man sich mit Neuem beschäftigen und Ideen mit anderen diskutieren, ohne Zeitdruck zu empfinden oder die regulären Aufgaben zu vernachlässigen.

6.4 Kreativitätsförderliche Arbeitsumgebung schaffen

Auch die konkrete Arbeitsumgebung beeinflusst die Kreativität von Menschen. Change Leader können förderliche Bedingungen gestalten und hinderliche Faktoren reduzieren. Schauen wir uns zunächst die förderlichen Dimensionen an (Amabile, Conti, Coon, Lazenby & Herron, 1996, S. 1166).

Ermutigung durch die Organisation. Die Organisation bewertet Ideen fair, kritisiert Schwächen konstruktiv, belohnt kreative Leistungen, würdigt entsprechende Anstrengungen und unterstützt den Austausch von Informationen. Eine geteilte Vision vermittelt hierbei Orientierung, was die Organisation zukünftig erreichen will.

Ermutigung durch die direkte Führungsperson. Die Führungsperson vertraut den Geführten, unterstützt sie, wertschätzt deren Leistungen und formuliert klare Ziele. So bekommen die Teammitglieder eine Vorstellung davon, welche Probleme sie kreativ lösen könnten. Außerdem fürchten sie weniger, dass ihre kreativen Versuche unfair kritisiert werden, wenn beispielsweise etwas misslingt und ein Vorhaben scheitert.

Unterstützung durch das Team. Die Teammitglieder tauschen sich regelmäßig aus, sind offen für neue Ideen, kritisieren die Arbeit anderer konstruktiv und unterstützen sich wechselseitig. Alle identifizieren sich darüber hinaus mit der Arbeit und den Zielen des Teams. Durch diesen Austausch können dann leichter vielfältige und ungewöhnliche Ideen entstehen.

Verfügbarkeit ausreichender Ressourcen. Personen erhalten erforderliche Ressourcen. So stehen ihnen nicht nur finanzielle Mittel, Infrastruktur oder Arbeitsmaterialien zur Verfügung, sondern auch für die Arbeit benötigte Informationen.

Herausforderungen durch die Arbeit. Aufgaben und Projekte sind herausfordernd, sodass man sich anstrengen muss, um die Anforderungen zu erfüllen und auftretende Probleme zu lösen. Mit Routinehandlungen allein kommt man hier nicht weiter. Was man tut, erlebt man als bedeutsam, und außerdem kann man die eigenen Kompetenzen entwickeln.

Autonomie bei der Arbeit. Man hat die Möglichkeit, über Ziele, Vorgehensweisen, Aufgaben und Projekte der Arbeit mitzuentscheiden. Dies vermittelt ein Gefühl von Kontrolle. Eigene Stärken kann man so leichter einsetzen, Schwächen ausgleichen und neue Dinge ausprobieren. Es ist auch ein Ausdruck von Wertschätzung, wenn andere einem solche Freiheitsgrade gewähren.

Demgegenüber sollten Change Leader folgende hinderlichen Dimensionen abschwächen (Amabile et al., 1996):

- *Organisationale Einschränkungen und Hindernisse.* Mikropolitische Streitigkeiten, internes Konkurrenzdenken, respektlose Kritik, die Tendenz zur Risikovermeidung und das Festhalten an Bewährtem erschweren kreatives Arbeiten.
- *Druck durch hohe Arbeitsbelastung.* Knappe Zeitvorgaben, hohe Erwartungen und ständige Ablenkungen steigern die Arbeitsbelastung und verhindern so, dass man sich kreativer Arbeit widmen kann.

6.5 Klima psychologischer Sicherheit fördern

Schließlich können Change Leader kreative Leistungen unterstützen, indem sie ein Klima psychologischer Sicherheit schaffen. In einem solchen Kontext fürchten sich Menschen nicht, interpersonale Risiken einzugehen, d. h. etwas zu tun, auf das andere negativ reagieren könnten (Edmondson, Bohmer & Pisano, 2001). So kann eine Person zugeben, dass sie etwas nicht versteht oder an ihrer Entscheidung zweifelt. Sie traut sich auch eher, andere offen zu kritisieren, Verbesserungen vorzuschlagen oder etwas Neues einfach auszuprobieren. Dies macht sie prinzipiell angreifbar, besonders wenn etwas misslingt. Doch sie erwartet keine Zurückweisung, Abwertung oder Nachteile für die eigene Karriere. Die psychologische Sicherheit befreit sie letztlich davon, ständig abwägen zu müssen, wie das eigene Verhalten bei anderen ankommt. So kann man sich stärker auf die eigentliche Arbeit konzentrieren.

In ihrem Studienüberblick systematisieren Edmondson und Lei (2014) die positiven Auswirkungen psychologischer Sicherheit für die Ebenen Individuum und Team. Wenn Individuen psychologische Sicherheit erleben, sind sie eher bereit, auf Fehlverhalten und Missstände hinzuweisen, Probleme anzusprechen und Wissen mit anderen auszutauschen. Dies fördert dann wiederum die individuelle kreative Leistung. Außerdem zeigen Studien, dass Teams, in denen ein Klima psychologischer Sicherheit herrscht, mehr Informationen teilen, gemeinsam lernen und so letztlich die Qualität ihrer Entscheidungen steigern. Derartige Lernprozesse braucht das Team, wenn die bisherigen Routinen nach der Einführung einer neuen Technologie nicht mehr funktionieren (Edmondson et al., 2001). Dann muss man Aufgaben anders verteilen, Abläufe anpassen und Schnittstellen neu organisieren.

Eine starke Ähnlichkeit zur psychologischen Sicherheit weist das *interpersonale Vertrauen* auf. Wer einer anderen Person interpersonales Vertrauen entgegenbringt, verlässt sich in einer unsicheren Situation auf deren Handeln und nimmt die daraus entstehende Verwundbarkeit in Kauf, da man von wohlwollendem Handeln der Person ausgeht (Thielmann & Hilbig, 2015). Change Leader können es durch authentische Führung erreichen, dass andere ihnen interpersonales Vertrauen schenken (Agote, Aramburu & Lines, 2016).

Dimensionen authentischer Führung (nach Walumbwa, Avolio, Gardner, Wernsing & Peterson, 2008)

- *Transparenz in Beziehungen.* Diese wird erreicht, indem man anderen nichts vormacht und keine Fassade aufbaut, sondern sagt, was man wirklich fühlt oder denkt. So können andere das authentische Selbst sehen.
- *Verinnerlichte moralische Perspektive.* Die Führungsperson hat Werte verinnerlicht und verhält sich diesen entsprechend. Ihr Verhalten ist hierdurch selbstreguliert, weniger abhängig von äußeren Einflüssen und für andere dadurch verlässlicher.
- *Ausgewogene Verarbeitung von Informationen.* Vor einer Entscheidung bemüht sich die Führungsperson, möglichst alle relevanten Informationen, Sichtweisen und Interessen zu berücksichtigen sowie die eigene Position zu hinterfragen.
- *Selbstkenntnis.* Hier geht es vor allem darum, dass man die persönlichen Stärken und Schwächen kennt und sich für die Wirkung des eigenen Handelns auf die Geführten interessiert.

Fazit

Es geht im Wandel nicht allein darum, dass Menschen sich an neue Bedingungen anpassen. Wünschenswert ist es, wenn sie die neue Realität eigenverantwortlich mitgestalten, indem sie kreative Ideen entwickeln und umsetzen. Dies gilt natürlich auch für die Zeit vor und nach den Veränderungen. Change Leader können die Kreativität anderer in der Organisation fördern, indem sie transformational führen. Dies bedeutet, Vorbild zu sein, durch eine Vision zu begeistern, kreatives Denken anzuregen und andere bedarfsgerecht zu unterstützen. Außerdem können sie die Bedingungen schaffen, die Kreativität fördern: Herausforderungen bei der Arbeit, Vertrauen und Offenheit, Risikofreude, Leichtigkeit, Autonomie, Verfügbarkeit von Ressourcen, Ermutigung durch die Führung, Unterstützung durch das Team oder auch psychologische Sicherheit. Authentische Führung kann helfen, Vertrauen und psychologische Sicherheit in Veränderungsprozessen aufzubauen.

Reflexionsübung: Transformational führen (nach Avolio et al., 1999; Felfe & Franke, 2014)

Wenn Sie eine Führungsperson sind, reflektieren Sie die folgenden Fragen bezogen auf sich selbst. Sollten Sie keine Führungsverantwortung haben, können Sie an Ihre Führungsperson denken. Sammeln Sie Beispiele und Situationen vor allem im Change, in denen die jeweilige Dimension der transformationalen Führung bereits sichtbar wurde. Überlegen Sie auch, in welchen weiteren Situationen die Dimension hilfreich sein könnte (vgl. Abschnitt 6.2 „Transformational führen").

Einfluss durch Vorbildlichkeit und Glaubwürdigkeit	
Bereits sichtbar ...	*Weitere Situationen ...*
______	______
______	______
______	______
Motivation durch begeisternde Vision	
Bereits sichtbar ...	*Weitere Situationen ...*
______	______
______	______
______	______
Anregung und Förderung von kreativem und unabhängigem Denken	
Bereits sichtbar ...	*Weitere Situationen ...*
______	______
______	______
______	______
Individuelle Unterstützung und Förderung	
Bereits sichtbar ...	*Weitere Situationen ...*
______	______
______	______
______	______

Checkliste: Klima für Kreativität (nach Ekvall, 1996)

Wenn Sie eine Führungsperson sind, denken Sie an den Arbeitsbereich, für den Sie verantwortlich sind. Sind Sie ohne Führungsverantwortung, können Sie an Ihren eigenen Arbeitsbereich denken. Nutzen Sie die nachfolgende Checkliste, um zu reflektieren, wie stark die einzelnen Dimensionen des Klimas für Kreativität ausgeprägt sind (vgl. Abschnitt 6.3 „Klima für Kreativität pflegen"). Außerdem können Sie überlegen, wie Sie das Klima für Kreativität noch fördern könnten.

	eher stark	eher schwach
Herausforderungen	☐	☐
Wie könnten Sie diese Dimension noch stärken? ________________		
Freiheit	☐	☐
Wie könnten Sie diese Dimension noch stärken? ________________		
Unterstützung für Ideen	☐	☐
Wie könnten Sie diese Dimension noch stärken? ________________		
Vertrauen und Offenheit	☐	☐
Wie könnten Sie diese Dimension noch stärken? ________________		
Dynamik und Lebendigkeit	☐	☐
Wie könnten Sie diese Dimension noch stärken? ________________		
Verspieltheit/Leichtigkeit/Humor	☐	☐
Wie könnten Sie diese Dimension noch stärken? ________________		

	eher stark	eher schwach
Risikofreude	☐	☐
Wie könnten Sie diese Dimension noch stärken? ______________________		
Zeit für Ideenarbeit	☐	☐
Wie könnten Sie diese Dimension noch stärken? ______________________		

Checkliste: Kreativitätsförderliche Arbeitsumgebung (nach Amabile et al., 1996)

Wenn Sie eine Führungsperson sind, denken Sie an den Arbeitsbereich, für den Sie verantwortlich sind. Sind Sie ohne Führungsverantwortung, können Sie an Ihren eigenen Arbeitsbereich denken. Nutzen Sie die nachfolgende Checkliste, um zu reflektieren, wie stark die einzelnen Dimensionen einer kreativitätsförderlichen Arbeitsumgebung ausgeprägt sind (vgl. Abschnitt 6.4 „Kreativitätsförderliche Arbeitsumgebung schaffen"). Außerdem können Sie überlegen, wie Sie die Dimensionen noch fördern könnten.

	eher stark	eher schwach
Ermutigung durch die Organisation	☐	☐
Wie könnten Sie diese Dimension noch stärken? ______		
Ermutigung durch die direkte Führungsperson	☐	☐
Wie könnten Sie diese Dimension noch stärken? ______		
Unterstützung durch das Team	☐	☐
Wie könnten Sie diese Dimension noch stärken? ______		
Verfügbarkeit ausreichender Ressourcen	☐	☐
Wie könnten Sie diese Dimension noch stärken? ______		
Herausforderungen durch die Arbeit	☐	☐
Wie könnten Sie diese Dimension noch stärken? ______		
Autonomie bei der Arbeit	☐	☐
Wie könnten Sie diese Dimension noch stärken? ______		

	eher stark	**eher schwach**
Organisationale Einschränkungen (hinderliche Dimension)	☐	☐
Wie könnten Sie diese Dimension schwächen?		
Druck durch hohe Arbeitsbelastung (hinderliche Dimension)	☐	☐
Wie könnten Sie diese Dimension schwächen?		

Literatur

Abraham, C. & Michie, S. (2008). A taxonomy of behavior change techniques used in interventions. *Health Psychology, 27*, 379–387. https://doi.org/10.1037/0278-6133.27.3.379

Achtziger, A. & Gollwitzer, P. M. (2018). Motivation und Volition im Handlungsverlauf. In J. Heckhausen & H. Heckhausen (Hrsg.), *Motivation und Handeln* (5. Aufl., S. 355–388). Heidelberg: Springer.

Agote, L., Aramburu, N. & Lines, R. (2016). Authentic leadership perception, trust in the leader, and followers' emotions in organizational change processes. *Journal of Applied Behavioral Science, 52*, 35–63. https://doi.org/10.1177/0021886315617531

Ajzen, I. (1991). The theory of planned behavior. *Organizational Behavior and Human Decision Processes, 50*, 179–211. https://doi.org/10.1016/0749-5978(91)90020-T

Alberts, H. J. E. M. & Hülsheger, U. R. (2015). Applying mindfulness in the context of work: Mindfulness-based interventions. In J. Reb & P. W. B. Atkins (Eds.), *Mindfulness in organizations: Foundations, research, and applications* (pp. 100–132). Cambridge: Cambridge University Press. https://doi.org/10.1017/CBO9781107587793.007

Amabile, T. M., Conti, R., Coon, H., Lazenby, J. & Herron, M. (1996). Assessing the work environment for creativity. *Academy of Management Journal, 39*, 1154–1184. https://doi.org/10.2307/256995

Arendt, J. F. W., Verdorfer, A. P. & Kugler, K. G. (2019). Mindfulness and leadership: Communication as a behavioral correlate of leader mindfulness and its effect on follower satisfaction. *Frontiers in Psychology, 10*:667. https://doi.org/10.3389/fpsyg.2019.00667

Avolio, B. J., Bass, B. M. & Jung, D. I. (1999). Re-examining the components of transformational and transactional leadership using the Multifactor Leadership Questionnaire. *Journal of Occupational and Organizational Psychology, 72*, 441–462. https://doi.org/10.1348/096317999166789

Bandura, A. (1991). Social cognitive theory of self-regulation. *Organizational Behavior and Human Decision Processes, 50*, 248–287. https://doi.org/10.1016/0749-5978(91)90022-L

Bandura, A. (2001). Social cognitive theory: An agentic perspective. *Annual Review of Psychology, 52*, 1–26. https://doi.org/10.1146/annurev.psych.52.1.1

Bartunek, J. M., Rousseau, D. M., Rudolph, J. W. & DePalma, J. A. (2006). On the receiving end: Sensemaking, emotion, and assessments of an organizational change initiated by others. *Journal of Applied Behavioral Science, 42*, 182–206. https://doi.org/10.1177/0021886305285455

Baumeister, R. F., Bratslavsky, E., Finkenauer, C. & Vohs, K. D. (2001). Bad is stronger than good. *Review of General Psychology, 5*, 323–370. https://doi.org/10.1037/1089-2680.5.4.323

Bem, D.J. (1967). Self-perception: An alternative interpretation of cognitive dissonance phenomena. *Psychological Review, 74*, 183–200. https://doi.org/10.1037/h0024835

Berman, A.H., Beckman, M. & Lindqvist, H. (2020). Motivational interviewing interventions. In M.S. Hagger, L.D. Cameron, K. Hamilton, N. Hankonen & T. Lintunen (Eds.), *The handbook of behavior change* (pp. 661–676). Cambridge: Cambridge University Press.

Bernstein, A., Hadash, Y., Lichtash, Y., Tanay, G., Sheperd, K. & Fresco, D.M. (2015). Decentering and related constructs: A critical review and metacognitive processes model. *Perspectives on Psychological Science, 10*, 599–617. https://doi.org/10.1177/1745691615594577

Bishop, S.R., Lau, M., Shapiro, S., Carlson, L., Anderson, N.D., Carmody, J. et al. (2004). Mindfulness: A proposed operational definition. *Clinical Psychology: Science and Practice, 11*, 230–241. https://doi.org/10.1093/clipsy.bph077

Bordia, P., Hobman, E., Jones, E., Gallois, C. & Callan, V.J. (2004). Uncertainty during organizational change: Types, consequences, and management strategies. *Journal of Business and Psychology, 18*, 507–532. https://doi.org/10.1023/B:JOBU.0000028449.99127.f7

Bordia, P., Jones, E., Gallois, C., Callan, V.J. & Difonzo, N. (2006). Management are aliens! Rumors and stress during organizational change. *Group & Organization Management, 31*, 601–621. https://doi.org/10.1177/1059601106286880

Buehler, R., Griffin, D. & Ross, M. (2002). Inside the planning fallacy: The causes and consequences of optimistic time predictions. In T. Gilovich, D. Griffin & D. Kahneman (Eds.), *Heuristics and biases. The psychology of intuitive judgment* (pp. 250–270). Cambridge: Cambridge University Press. https://doi.org/10.1017/CBO9780511808098.016

Carver, C.S. & Scheier, M.F. (1982). Control theory: A useful conceptual framework for personality – social, clinical, and health psychology. *Psychological Bulletin, 92*, 111–135. https://doi.org/10.1037/0033-2909.92.1.111

Chambers, R., Gullone, E. & Allen, N.B. (2009). Mindful emotion regulation: An integrative review. *Clinical Psychology Review, 29*, 560–572. https://doi.org/10.1016/j.cpr.2009.06.005

Chatzisarantis, N.L. D. & Hagger, M.S. (2007). Mindfulness and the intention-behavior relationship within the theory of planned behavior. *Personality and Social Psychology Bulletin, 33*, 663–676. https://doi.org/10.1177/0146167206297401

Cohen, D.S. (2005). *The heart of change field guide. Tools and tactics for leading change in your organization*. Boston, MA: Harvard Business Review Press.

Colquitt, J.A., Conlon, D.E., Wesson, M.J., Porter, C.O.L.H. & Ng, K.Y. (2001). Justice at the millennium: A meta-analytic review of 25 years of organizational justice research. *Journal of Applied Psychology, 86*, 425–445. https://doi.org/10.1037/0021-9010.86.3.425

Colzato, L.S., Ozturk, A. & Hommel, B. (2012). Meditate to create: the impact of focused-attention and open-monitoring training on convergent and divergent thinking. *Frontiers in Psychology*, 3:116. https://doi.org/10.3389/fpsyg.2012.00116

Cummings, T.G. & Worley, C.G. (2008). *Organization development and change*. Mason, OH: South-Western Cengage Learning.

Cunningham, G.B. (2006). The relationships among commitment to change, coping with change, and turnover intentions. *European Journal of Work and Organizational Psychology, 15*, 29–45. https://doi.org/10.1080/13594320500418766

Daly, J.P. (1995). Explaining changes to employees: The influence of justification and change outcomes on employees' fairness judgments. *Journal of Applied Behavioral Science, 31,* 415–428. https://doi.org/10.1177/0021886395314002

Detert, J.R. & Burris, E.R. (2007). Leadership behavior and employee voice: Is the door really open? *Academy of Management Journal, 50*, 869–884. https://doi.org/10.5465/amj.2007.26279183

DiClemente, C.C. & Graydon, M.M. (2020). Changing behavior using the transtheoretical model. In M.S. Hagger, L.D. Cameron, K. Hamilton, N. Hankonen & T. Lintunen (Eds.), *The handbook of behavior change* (pp. 136–149). Cambridge: Cambridge University Press. https://doi.org/10.1017/9781108677318.010

Edelmann, W. & Wittmann, S. (2019). *Lernpsychologie* (8. Aufl.). Weinheim: Beltz.

Edmondson, A.C., Bohmer, R.M. & Pisano, G.P. (2001). Disrupted routines: Team learning and new technology implementation in hospitals. *Administrative Science Quarterly, 46*, 685–716. https://doi.org/10.2307/3094828

Edmondson, A.C. & Lei, Z. (2014). Psychological Safety: The history, renaissance, and future of an interpersonal construct. *Annual Review of Organizational Psychology, 1*, 23–43. https://doi.org/10.1146/annurev-orgpsych-031413-091305

Eilam, G. & Shamir, B. (2005). Organizational change and self-concept threats: A theoretical perspective and a case study. *Journal of Applied Behavioral Science, 41*, 399–421. https://doi.org/10.1177/0021886305280865

Eismann, G. & Lammers, C.-H. (2017). *Therapie-Tools Emotionsregulation*. Weinheim: Beltz.

Ekvall, G. (1996). Organizational climate for creativity and innovation. *European Journal of Work and Organizational Psychology, 5*, 105–123. https://doi.org/10.1080/13594329608414845

Farb, N.A.S., Anderson, A.K., Irving, J.A. & Segal, Z.V. (2014). Mindfulness interventions and emotion regulation. In J.J. Gross (Ed.), *Handbook of emotion regulation* (pp. 548–567). New York, NY: Guilford.

Felfe, J. (2006). Transformationale und charismatische Führung – Stand der Forschung und aktuelle Entwicklungen. *Zeitschrift für Personalpsychologie, 5,* 163–176. https://doi.org/10.1026/1617-6391.5.4.163

Felfe, J. (2014). Organisationsdiagnose. In H. Schuler & K. Moser (Hrsg.), *Lehrbuch Organisationspsychologie* (5. Aufl., S. 409–456). Bern: Huber.

Felfe, J. & Franke, F. (2014). *Führungskräftetrainings*. Göttingen: Hogrefe.

Festinger, L. (1957). *A theory of cognitive dissonance*. Stanford, CA: Stanford University Press. https://doi.org/10.1515/9781503620766

Fiege, R., Muck, P.M. & Schuler, H. (2014). Mitarbeitergespräche. In H. Schuler & U.P. Kanning (Hrsg.), *Lehrbuch der Personalpsychologie* (3. Aufl., S. 765–812). Göttingen: Hogrefe.

Fugate, M., Kinicki, A. J. & Prussia, G. E. (2008). Employee coping with organizational change: An examination of alternative theoretical perspectives and models. *Personnel Psychology, 61*, 1–36. https://doi.org/10.1111/j.1744-6570.2008.00104.x

Fuller, C. & Taylor, P. (2015). *Therapie-Tools Motivierende Gesprächsführung* (2. Aufl.). Weinheim: Beltz.

Fuller, J. B., Marler, L. E. & Hester, K. (2006). Promoting felt responsibility for constructive change and proactive behavior: Exploring aspects of an elaborated model of work design. *Journal of Organizational Behavior, 27*, 1089–1120. https://doi.org/10.1002/job.408

Furst, S. A. & Cable, D. M. (2008). Employee resistance to organizational change: Managerial influence tactics and leader-member exchange. *Journal of Applied Psychology, 93*, 453–462. https://doi.org/10.1037/0021-9010.93.2.453

Gebert, D. (2002). *Führung und Innovation*. Stuttgart: Kohlhammer.

Grimolizzi-Jensen, C. J. (2018). Organizational change: Effect of motivational interviewing on readiness to change. *Journal of Change Management, 18*, 54–69. https://doi.org/10.1080/14697017.2017.1349162

Hafenbrack, A. C., Kinias, Z. & Barsade, S. G. (2014). Debiasing the mind through meditation: Mindfulness and the sunk-cost bias. *Psychological Science, 25*, 369–376. https://doi.org/10.1177/0956797613503853

Herrmann, D., Felfe, J. & Hardt, J. (2012). Transformationale Führung und Veränderungsbereitschaft. Stressoren und Ressourcen als relevante Kontextbedingungen. *Zeitschrift für Arbeits- und Organisationspsychologie, 56*, 70–86. https://doi.org/10.1026/0932-4089/a000076

Herscovitch, L. & Meyer, J. P. (2002). Commitment to organizational change: Extension of a three-component model. *Journal of Applied Psychology, 87*, 474–487. https://doi.org/10.1037/0021-9010.87.3.474

Hill, C. L. M. & Updegraff, J. A. (2012). Mindfulness and its relationship to emotional regulation. *Emotion, 12*, 81–90. https://doi.org/10.1037/a0026355

Holt, D. T., Armenakis, A. A., Feild, H. S. & Harris, S. G. (2007). Readiness for organizational change: The systematic development of a scale. *Journal of Applied Behavioral Science, 43*, 232–255. https://doi.org/10.1177/0021886306295295

Jonas, K. & Fichter, C. (2006). Soziales Lernen. In H.-W. Bierhoff & D. Frey (Hrsg.), *Handbuch der Sozial- und Kommunikationspsychologie* (S. 523–529). Göttingen: Hogrefe.

Kahneman, D. (2012). *Schnelles Denken, langsames Denken*. München: Siedler.

Karelaia, N. & Reb, J. (2015). Improving decision making through mindfulness. In J. Reb & P. W. B. Atkins (Eds.), *Mindfulness in organizations: Foundations, research, and applications* (pp. 163–189). Cambridge: Cambridge University Press. https://doi.org/10.1017/CBO9781107587793.009

Kernan, M. C. & Hanges, P. J. (2002). Survivor reactions to reorganization: Antecedents and consequences of procedural, interpersonal, and informational justice. *Journal of Applied Psychology, 87*, 916–928. https://doi.org/10.1037/0021-9010.87.5.916

Kiefer, T. (2005). Feeling bad: Antecedents and consequences of negative emotions in ongoing change. *Journal of Organizational Behavior, 26*, 875–897. https://doi.org/10.1002/job.339

Kiken, L. G. & Shook, N. J. (2011). Looking up: Mindfulness increases positive judgments and reduces negativity bias. *Social Psychological and Personality Science, 2*, 425–431. https://doi.org/10.1177/1948550610396585

Kim, T. G., Hornung, S. & Rousseau, D. M. (2011). Change-supportive employee behavior: Antecedents and the moderating role of time. *Journal of Management, 37*, 1664–1693. https://doi.org/10.1177/0149206310364243

Klendauer, R., Streicher, B., Jonas, E. & Frey, D. (2006). Fairness und Gerechtigkeit. In H.-W. Bierhoff & D. Frey (Hrsg.), *Handbuch der Sozialpsychologie und Kommunikationspsychologie* (S. 187–195). Göttingen: Hogrefe.

Krampen, G. (2019). *Psychologie der Kreativität. Divergentes Denken und Handeln in Forschung und Praxis.* Göttingen: Hogrefe.

Laireiter, A.-R. (2006). Soziale Unterstützung. In H.-W. Bierhoff & D. Frey (Hrsg.), *Handbuch der Sozialpsychologie und Kommunikationspsychologie* (S. 166–173). Göttingen: Hogrefe.

Langer, E. J. & Moldoveanu, M. (2000). The construct of mindfulness. *Journal of Social Issues, 56*, 1–9. https://doi.org/10.1111/0022-4537.00148

Lebuda, I., Zabelina, D. L. & Karwowski, M. (2016). Mind full of ideas: A meta-analysis of the mindfulness-creativity link. *Personality and Individual Differences, 93*, 22–26. https://doi.org/10.1016/j.paid.2015.09.040

Leventhal, G. S. (1980). What should be done with equity theory? In K. J. Gergen, M. S. Greenberg & R. H. Willis (Eds.), *Social exchange: Advances in theory and research* (pp. 27–55). New York, NY: Plenum.

Lewin, K. (1947). Frontiers in group dynamics: concept, method and reality in social science; social equilibria and social change. *Human Relations, 1*, 5–41. https://doi.org/10.1177/001872674700100103

Litke, H.-D., Kunow, J. & Schulz-Wimmer, H. (2009). *Projektmanagement.* München: Rudolf Haufe Verlag.

Michaelis, B., Stegmaier, R. & Sonntag, Kh. (2010). Shedding light on followers' innovation implementation behavior: The role of transformational leadership, commitment to change, and climate for initiative. *Journal of Managerial Psychology, 25*, 408–429. https://doi.org/10.1108/02683941011035304

Michel, A., Stegmaier, R., Meiser, D. & Sonntag, Kh. (2009). Ausgebrannt und unzufrieden? Wie Change Charakteristika und Arbeitskontextmerkmale mit dem Wohlbefinden von Wissenschaftlern zusammenhängen. *Zeitschrift für Arbeits- und Organisationspsychologie, 53*, 11–21. https://doi.org/10.1026/0932-4089.53.1.11

Moore, A. & Malinowski, P. (2009). Meditation, mindfulness and cognitive flexibility. *Consciousness and Cognition, 18*, 176–186. https://doi.org/10.1016/j.concog.2008.12.008

Oreg, S. (2003). Resistance to change: Developing an individual differences measure. *Journal of Applied Psychology, 88*, 680–693. https://doi.org/10.1037/0021-9010.88.4.680

Oreg, S. (2006). Personality, context, and resistance to organizational change. *European Journal of Work and Organizational Psychology, 15*, 73–101. https://doi.org/10.1080/13594320500451247

Oreg, S., Vakola, M. & Armenakis, A. (2011). Change recipients' reactions to organizational change: A 60-year review of quantitative studies. *Journal of Applied Behavioral Science, 47*, 461–525. https://doi.org/10.1177/0021886310396550

Palmer, C. (2016). *Berufsbezogene Kreativitätsdiagnostik*. Wiesbaden: Springer. https://doi.org/10.1007/978-3-658-12433-5

Paterson, J.M. & Cary, J. (2002). Organizational justice, change anxiety, and acceptance of downsizing: Preliminary tests of an AET-based model. *Motivation and Emotion, 26*, 83–103. https://doi.org/10.1023/A:1015146225215

Piderit, S.K. (2000). Rethinking resistance and recognizing ambivalence: A multidimensional view of attitudes toward an organizational change. *The Academy of Management Review, 25*, 783–794. https://doi.org/10.2307/259206

Pinck, A.S. & Sonnentag, S. (2018). Leader mindfulness and employee well-being: The mediating role of transformational leadership. *Mindfulness, 9*, 884–896. https://doi.org/10.1007/s12671-017-0828-5

Pratscher, S.D., Wood, P.K., King, L.A. & Bettencourt, B.A. (2019). Interpersonal mindfulness: Scale development and initial construct validation. *Mindfulness, 10*, 1044–1061. https://doi.org/10.1007/s12671-018-1057-2

Pundt, A. & Schyns, B. (2005). Führung im Ideenmanagement: Der Zusammenhang zwischen transformationaler Führung und dem individuellen Engagement im Ideenmanagement. *Zeitschrift für Personalpsychologie, 4*, 55–65. https://doi.org/10.1026/1617-6391.4.2.55

Rafferty, A.E. & Griffin, M.A. (2006). Perceptions of organizational change: A stress and coping perspective. *Journal of Applied Psychology, 91*, 1154–1162. https://doi.org/10.1037/0021-9010.91.5.1154

Rafferty, A.E. & Jimmieson, N.L. (2017). Subjective perceptions of organizational change and employee resistance to change: Direct and mediated relationships with employee well-being. *British Journal of Management, 28*, 248–264. https://doi.org/10.1111/1467-8551.12200

Richter, M., König, C.J., Koppermann, C. & Schilling, M. (2016). Displaying fairness while delivering bad news: Testing the effectiveness of organizational bad news training in the layoff context. *Journal of Applied Psychology, 101*, 779–792. https://doi.org/10.1037/apl0000087

Rozin, P. & Royzman, E.B. (2001). Negativity bias, negativity dominance, and contagion. *Personality and Social Psychology Review, 5*, 296–320. https://doi.org/10.1207/S15327957PSPR0504_2

Rustler, F. (2016). *Denkwerkzeuge der Kreativität und Innovation*. Zürich: Midas Management.

Sadler-Smith, E. & Sparrow, P.R. (2008). Intuition in organizational decision making. In G.P. Hodgkinson & W.H. Starbuck (Eds.), *The Oxford handbook of organizational decision making* (pp. 305–324). Oxford: Oxford University Press. https://doi.org/10.1093/oxfordhb/9780199290468.003.0016

Schuler, H. & Görlich, Y. (2007). *Kreativität*. Göttingen: Hogrefe.

Schweiger, D.M. & Denisi, A.S. (1991). Communication with employees following a merger: A longitudinal field experiment. *Academy of Management Journal, 34*, 110–135. https://doi.org/10.2307/256304

Seo, M.-G., Taylor, M.S., Hill, N.S., Zhang, X., Tesluk, P.E. & Lorinkova, N.M. (2012). The role of affect and leadership during organizational change. *Personnel Psychology, 65*, 121–165. https://doi.org/10.1111/j.1744-6570.2011.01240.x

Shin, S.J. & Zhou, J. (2003). Transformational leadership, conservation, and creativity: Evidence from Korea. *Academy of Management Journal, 46*, 703–714. https://doi.org/10.5465/30040662

Sleesman, D.J., Conlon, D.E., McNamara, G. & Miles, J.E. (2012). Cleaning up the big muddy: A meta-analytic review of the determinants of escalation of commitment. *Academy of Management Journal, 55*, 541–562. https://doi.org/10.5465/amj.2010.0696

Smet, K., Elst, T.V., Griep, Y. & De Witte, H. (2016). The explanatory role of rumours in the reciprocal relationship between organizational change communication and job insecurity: a within-person approach. *European Journal of Work and Organizational Psychology, 25*, 631–644. https://doi.org/10.1080/1359432X.2016.1143815

Sonntag, Kh., Stegmaier, R. & Michel, A. (2008). Change Management an Hochschulen: Konzepte, Tools und Erfahrungen bei der Umsetzung. In R. Fisch, A. Müller & D. Beck (Hrsg.), *Veränderungen in Organisationen – eine interdisziplinäre Herausforderung* (S. 415–443). Wiesbaden: VS. https://doi.org/10.1007/978-3-531-91166-3_17

Stegmaier, R. (2016). *Management von Veränderungsprozessen*. Göttingen: Hogrefe.

Stegmaier, R., Nohe, C. & Sonntag, Kh. (2016). Veränderungen bewirken: Transformationale Führung und Innovation. In Kh. Sonntag (Hrsg.), *Personalentwicklung in Organisationen* (4. Aufl., S. 535–560). Göttingen: Hogrefe.

Ströhle, G., Nachtigall, C., Michalak, J. & Heidenreich, T. (2010). Die Erfassung von Achtsamkeit als mehrdimensionales Konstrukt. Die deutsche Version des Kentucky Inventory of Mindfulness Skills (KIMS-D). *Zeitschrift für Klinische Psychologie und Psychotherapie, 39*, 1–12. https://doi.org/10.1026/1616-3443/a000001

Sung, W., Woehler, M.L., Fagan, J.M., Grosser, T.J., Floyd, T.M. & Labianca, G.J. (2017). Employees' responses to an organizational merger: Intraindividual change in organizational identification, attachment, and turnover. *Journal of Applied Psychology, 102*, 910–934. https://doi.org/10.1037/apl0000197

Thielmann, I. & Hilbig, B.E. (2015). Trust: An integrative review from a person-situation perspective. *Review of General Psychology, 19*, 249–277. https://doi.org/10.1037/gpr0000046

Walumbwa, F.O., Avolio, B.J., Gardner, W.L., Wernsing, T.S. & Peterson, S.J. (2008). Authentic leadership: Development and validation of a theory-based measure. *Journal of Management, 34*, 89–126. https://doi.org/10.1177/0149206307308913

Wanberg, C.R. & Banas, J.T. (2000). Predictors and outcomes of openness to changes in a reorganizing workplace. *Journal of Applied Psychology, 85*, 132–142. https://doi.org/10.1037/0021-9010.85.1.132

Wanous, J.P., Reichers, A.E. & Austin, J.T. (2000). Cynicism about organizational change: Measurement, antecedents, and correlates. *Group & Organization Management, 25*, 132–153. https://doi.org/10.1177/1059601100252003

Werth, L. (2010). *Psychologie für die Wirtschaft*. Heidelberg: Spektrum. https://doi.org/10.1007/978-3-8274-2581-2

Wood, W. & Rünger, D. (2016). Psychology of habit. *Annual Review of Psychology, 67*, 289–314. https://doi.org/10.1146/annurev-psych-122414-033417

Wood, W., Tam, L. & Witt, M.G. (2005). Changing circumstances, disrupting habits. *Journal of Personality and Social Psychology, 88*, 918–933. https://doi.org/10.1037/0022-3514.88.6.918

Wu, C., Neubert, M.J. & Yi, X. (2007). Transformational leadership, cohesion perceptions, and employee cynicism about organizational change. The mediating role of justice perceptions. *The Journal of the Applied Behavioral Science, 43*, 327–351. https://doi.org/10.1177/0021886307302097

Buchtipps

Ralf Stegmaier
Management von Veränderungsprozessen

(Reihe: „Praxis der Personalpsychologie“, Bd. 33)
2016, VII/138 Seiten,
€ 26,95 (DE) / € 27,80 (AT) / CHF 36.90 (Im Reihenabo € 19,95 (DE) / € 20,60 (AT) / CHF 27.90)
ISBN 978-3-8017-2684-3
Auch als eBook erhältlich

Dieser Band bietet einen Überblick zu Phasen, Schritten, Handlungsfeldern und erprobten Methoden des Managements von Veränderungsprozessen. Es wird systematisch auf wissenschaftliche Erkenntnisse und empirische Befunde zum individuellen Erleben und Verhalten in Veränderungskontexten Bezug genommen.

Lara de Bruin
333 Fragen für die lösungsorientierte Kommunikation bei Veränderungsprozessen
Ein Fragenfächer für Therapeuten, Coaches und Manager

2016, 62 Seiten, Kleinformat,
€ 16,95 (DE) / € 17,50 (AT) / CHF 23.90
ISBN 978-3-8017-2782-6

Der Fragenfächer enthält 333 Fragen für die lösungsorientierte Gesprächsführung bei Veränderungsprozessen. Die ausgewählten Fragen lenken die Aufmerksamkeit auf die Qualitäten des Klienten und ermöglichen, den Blick auf die erwünschte Zukunft zu richten.

Josine Gouwens / Rozemarijn Dols
75 Übungen für Brainstorming und Ideenfindung im Team

2022, 328 Seiten,
€ 36,95 (DE) / € 38,00 (AT) / CHF 48.90
ISBN 978-3-8017-3154-0
Auch als eBook erhältlich

Dieses Buch enthält 75 inspirierende Methoden zur Gestaltung kreativer Team-Workshops. Es richtet sich an Führungskräfte sowie an Personen aus den Bereichen Training, Beratung und Coaching, die Workshops begleiten, in denen die kreativen Fähigkeiten der Teilnehmenden genutzt werden sollen, um Innovation oder Verbesserung hervorzubringen.

www.hogrefe.com